이상명의
행복한 귀농·귀촌을 위하여

제2편
귀농·귀촌 사례

이상명의
행복한 귀농·귀촌을 위하여
제2편 귀농·귀촌 사례

초판 1쇄 발행 2020년 7월 22일

지은이 이상명
펴낸이 장길수
펴낸곳 지식과감성#
출판등록 제2012-000081호

디자인 박예은
편집 박예은, 윤혜성
교정 양수진
마케팅 고은빛

주소 서울시 금천구 벚꽃로298 대륭포스트타워6차 1212호
전화 070-4651-3730~4
팩스 070-4325-7006
이메일 ksbookup@naver.com
홈페이지 www.knsbookup.com

ISBN 979-11-6552-289-6(03520)
값 15,000원

ⓒ 이상명 2020 Printed in Korea

잘못된 책은 구입하신 곳에서 바꾸어 드립니다.
이 책의 전부 또는 일부 내용을 재사용하려면 사전에 저작권자와 펴낸곳의 동의를 받아야 합니다.

이 도서의 국립중앙도서관 출판예정도서목록(CIP)은 서지정보유통지원시스템
홈페이지(http://seoji.nl.go.kr)와 국가자료공동목록시스템(http://www.nl.go.kr/kolisnet)에서
이용하실 수 있습니다. (CIP제어번호 : CIP2020028632)

 홈페이지 바로가기

제2편

이상명의
행복한 귀농·귀촌을 위하여

귀농·귀촌 사례

이상명 지음

스스로 행복할 수 있는 귀농·귀촌인이 되기 위해
귀농·귀촌을 희망하는 모든 분들의 행복한 삶을 응원한다

지쉬감뎡

Prologue

농업, 농촌의 현장에서 농민과 함께 울고 웃으며 지낸 세월이 10년이 넘었다.

필자가 귀농·귀촌을 꿈꾸는 모든 분들이 시행착오를 최소화하고 안정적이고 행복한 귀농·귀촌에 연착륙할 수 있도록 2017년 초보 귀농·귀촌인을 위한 가이드북 『당신의 봄날』, 2019년 『이상명의 행복한 귀농·귀촌을 위하여(제1편 작물의 기초)』에 이어 세 번째 귀농 전문 서적을 발간하게 되었다.

하지만 귀농컨설턴트로서 시간이 흐를수록 귀농·귀촌이 쉽지 않음을 느끼게 된다.

우리 농업이 당면한 현실과 농산업을 둘러싼 환경변화에 적시적이고 탄력적인 대응을 해야 하기 때문이다.

필자 또한 기업체, 대학교, 공공기관 등에서 귀농·귀촌 강의를 하고 있지만 아직도 스스로 부족함을 많이 느낀다.

그렇지만 전국의 지자체 100여 개 도서관에서 필자의 보잘것없는 이야기가 귀농·귀촌을 꿈꾸는 분들에게 실질적인 도움을 줄 수 있음에 자부심과 사명감을 갖게 된다.

이번에 출간하는 『이상명의 행복한 귀농·귀촌을 위하여(제2편 귀농·귀촌 사례)』는 6개 분야의 다양한 작목의 사례를 소개함으로써 보다 폭넓은 귀농·귀촌의 스토리를 담아 보았다.

귀농·귀촌을 희망하시는 모든 분들의 열정을 응원하며 행복한 귀농·귀촌인이 되기를 기원하는 마음으로 펜을 들어 본다.

목차

Prologue 5

1 석양이 질 무렵 당신은 행복한가? _____ 9

2 귀농·귀촌은 가치지향적(Value-oriented) 삶의
패러다임 변화이다 _____ 15
- **가** 귀농·귀촌의 설계
- **나** 귀농·귀촌 핵심 지원사업
- **다** 귀농·귀촌 기본상식 알아 두기

3 귀농·귀촌 사례(청춘농부의 귀농별곡) _____ 33
- **가** 청춘농부의 귀농별곡(내가 지은 딸기)
- **나** 청춘농부의 귀농별곡(삼청농원 꿀사과)
- **다** 청춘농부의 귀농별곡(아론딸기농원)

4 귀농·귀촌 사례(과수) _____ 49
- **가** 즐거운 귀농 인생의 서막
- **나** 친환경 블루베리와 함께 행복한 人生을!
- **다** 靑春 귀농! 빨간 사과와 사랑에 빠지다
- **라** 블랙커런트와 함께하는 행복한 귀농!
- **마** 지민이의 행복한 아빠로 살리라!
- **바** 해병대 아저씨의 포도 사랑(김현덕)
- **사** 포도밭에서 人生의 새로운 꿈을 꾸다!
- **아** 귀농은 행복의 서막(최영주)

5 귀농·귀촌 사례(양봉) _____ 79
- **가** 벌을 닮은 청년농부의 달콤한 상상
- **나** 일벌의 열정으로 人生의 달콤한 꿀을 따는 남자!
- **다** 영양만점 벌꿀로 달콤한 행복을 전하다
- **라** 월악산 자락에서 행복한 時節을 살다!
- **마** 양봉의 기초

6 귀농·귀촌 사례(축산) _____ 109

7 귀농·귀촌 사례(약초 및 산채 등) _____ 115
    가 수안보 숲속엔 뭔가 특별한 것이 있다!
    나 햇살이 머문 농장에 깃든 병풀의 젊은 열정

8 귀농·귀촌 사례(시설채소 및 기타) _____ 125
    가 福수박이 넝쿨째 들어와 너무 행복해요!
    나 겨울 딸기, 그 달콤한 향에 빠지다!
    다 친환경 웰빙 쌈채로 건강을 챙기세요!
    라 꿈꾸는 허브농원 유하농장 이상훈 씨의 달콤한 전원 환상곡!
    마 귀농새댁 라송희 씨! 귀농으로 행복을 찾다
    바 젊은 농부의 꿈이 담긴 고품질 쌀!
    사 자연에 시간과 정성을 담다!
    아 껍질째 먹는 밤, 간식인가? 보약인가?

9 해외 귀농 사례(대만) / 치유농업 _____ 149
    가 대만의 특별한 귀농 사례
    나 치유농업(Agro-healing)! 농업에 가치를 더하다

10 알면 도움이 되는 귀농정보 _____ 157
    가 귀농·귀촌을 위한 건강관리
    나 임야 취득 시 유의사항
    다 좋은 집터 고르기
    라 중심고을 충주는?
    마 귀농 사례의 통합적 접근(統合的 接近)

Return to me! 171
Epilogue 174

1

석양이 질 무렵
당신은 행복한가?

석양이 질 무렵 당신은 행복한가?

텃밭에는 상추를 심고 비탈밭은 산마늘을 심고
부족한 나의 마음엔 정성껏 감성을 심는다
봄비가 대지를 적시고 또 한낮의 태양이 모든 살아 있는
생명에 축복을 내릴 때,
오염된 삶의 자화상을 벗어 버리고 자연을 입는다

낙엽 같은 하루가 지나고 지금 나는 목마른 계절의
한가운데 와 있다
막걸리 한 사발에 목을 축이며 나에게 묻는다
지금 이 순간 당신은 행복한가?

순간의 열정이 모여 하루를 만들고 그 하루가 끝나 갈 무렵 당신은 행복한가?

눈코 뜰 새 없이 바쁘게 살아가는 나의 마음속에 진정으로 물어보자.
귀농·귀촌은 인생의 변화이며 새로운 도전이다.
따라서 성공적인 귀농·귀촌을 위해서 무엇이 필요한가를 생각하기 전에 여러분이 농업, 농촌의 공간에서 스스로 행복할 수 있는가를 먼저 고민해야 한다.
귀농·귀촌 과정에서 수많은 시행착오가 뒤따를 것이다.
살피고 또 살펴서 신중한 선택을 해야 하며, 만약 귀농·귀촌을 결심했다면 긍정적이고 적극적인 마음으로 모든 시련을 즐기면서 극복해야 한다.
충분한 귀농·귀촌 준비기간을 갖고 철저하게 준비하여 실패를 방지하고, 설령 실패하더라도 좌절하지 말고 앞으로 나아가야 한다.
한두 번 실패를 가슴속에 안게 되더라도 자신의 마음속에서 농업, 농촌을 사랑할 수밖에 없을 때 귀농·귀촌은 아름답고 가치 있는 삶의 전환점이 된다.

순간의 열정이 모여 하루를 만들고 행복한 하루가 쌓여 아름다운 인생이 된다.

귀농 · 귀촌은 도피처가 아니라 안식처가 되어야 하며 자연을 닮은 햇살 같은 여유로움의 공간이어야 한다.

나만의 행복 텃밭을 정성껏 가꾸는 마음으로 귀농 · 귀촌을 준비하자.

석양이 질 무렵 당신은 행복한가?

한국가스안전공사 귀농·귀촌 특강

당신

하루 중 가장 행복한 시간은
당신과 있는 지금입니다

인생에서 가장 중요한 일은
내가 당신을 사랑하는 일입니다

내가 상상할 수 있는 모든 것을 다 주어도
아직도 그리운 당신이 있기에
나는 당신을 위해 오늘을 영원히 살고 싶습니다

폐병처럼 당신의 거친 숨소리 위에서……

2

귀농·귀촌은 가치지향적 삶의
Value-oriented
패러다임 변화이다

가. 귀농·귀촌의 설계

훌륭한 집을 짓기 위해서 멋진 설계도와 좋은 자재가 필요하듯 행복한 귀농·귀촌을 위해서는 경제적이면서도 효과적인 귀농설계도가 있어야 한다.

필자가 생각하는 귀농·귀촌의 설계에 포함되어야 할 내용을 살펴보고자 한다.

첫 번째, 자신의 귀농시작연령에 기초한 건강 체크(건강관리 전략)가 필요하다. 귀농·귀촌에 있어서 굳은 의지와 체력은 기본이다.

두 번째, 귀농적합성 테스트를 해보는 것도 권해 드리고 싶다.
이와 병행하여 10년 단위의 인생계획서를 반드시 설계하시길 당부드린다.

※ 人生계획서(예시)

나의 행복 4종세트: 작가+히말라야+봉사+사랑
나의 귀촌 4종세트: 작가+텃밭+양봉+여행 및 운동

- 10대: 꿈, 장래희망 / 철학가, 혹은 작가
- 20대: 대학생(행정학), 어학(영어 등), 전국일주, 100대 명산
- 30대: 히말라야, 사랑, 봉사, 아픔과 상처의 시기
- 40대: 내 인생의 르네상스, 작가로서의 삶, 전국노래자랑
- 50대: 귀농·귀촌 준비(작목, 지역, 자격증 및 현장실습 등)
- 60대: 퇴직 및 귀촌(건강관리), 글, 텃밭, 양봉 100군, 여행
- 70대: 건강관리, 양봉 50군, 텃밭, 서예
- 80대: 건강관리, 살아온 人生에 대한 종합적 Feedback 등

이처럼 10년 단위로 기본목표를 설정하고 구체적인 세부 실천계획을 세워서 실천하도록 한다.

세 번째는 귀농계획서(5년 단위)를 작성해 본다.

귀농계획서는 농업, 농촌에 대한 이해를 바탕으로 어떻게 사전준비를 할 것인가에 초점을 맞추어야 한다. 또한 가족의 동의, 이웃과의 갈등 극복 방안, 다양한 귀농정보, 귀농 초기 2~3년 정도의 생활자금 마련 방안, 농업 외 소득, 작목재배기술 습득 방법, 나의 귀농멘토 등의 내용이 반드시 포함되어야 한다.

예를 들어 이상명이라는 사람이 40세에 귀농을 한다고 가정해 보자.

먼저 작목과 귀농지역을 선택해야 한다.

귀농작목과 귀농지역은 유기적 관련성이 있으므로 종합적으로 고려해야 한다. 어떤 작물을 선택하는가에 따라 정착지가 달라질 수 있다.

수도작(벼)이라면 평야 지역이, 시설원예라면 도시 근교가 좋고 과수

나 축산은 준산간지가 적합하다. 아열대 작물은 일반적으로 남부 지역에서 재배하는 것이 경제성이 높을 것이다.

한우 등 축산은 조사료 자급이 가능하거나 기반이 풍부한 곳이 유리하다.

귀농지역과 선택작목이 그 지역의 기후와 토양에 적합한가와 유통 및 판매를 염두에 두고 선택하시길 당부드린다.

귀농지역의 특산 작목을 선택할 경우 자금이나 기술, 교육지원이 용이하다.

귀농 농업창업 융자지원금 신청을 위한 귀농교육시간 100시간 이수는 전국 중 가능한 지역을 찾아서 교육을 받되 시간을 효율적으로 사용해야 한다.

교육시간 100시간을 맞추려고 1년 동안 시간을 허비해서는 안 되고 온라인 교육 80시간을 이수 시 40시간을 인정해 주므로 나머지 60시간 귀농정착교육을 단기간에 해주는 지자체에서 받으시면 된다. (충주시농업기술센터 2주간 60시간 정착교육 실시)

귀농정보 및 기술교육을 어디서 받을지 잘 모를 경우 고민하지 말고 해당 지자체 농업기술센터를 찾아 상담하면 된다.

귀농교육뿐만 아니라 선택한 작목의 전문교육을 많이 받으시길 당부드리며 더욱 중요한 것은 귀농연습생 생활을 꼭 하시길 바란다. 아이돌 그룹에도 연습생 시절이 있듯이 귀농은 연습생 시절(2년 이상)이 반드시 필요하다고 생각한다.

연습생 생활은 선도농가에서 할 수도 있고 농업기술센터에서 운영하는 신규농업인(귀농인) 현장실습교육을 신청하여 참여하는 등 그 방법은 다양하다.

신규농업인(귀농인) 현장실습교육, 선도농가 실습 두 과정을 모두 경험하면 더 좋을 것이다.

양봉을 귀농작목으로 선택했다면, 우선 귀농정착교육 100시간을 이수하고 지역에 있는 양봉협회나 각종 연구회에 가입하여 양봉 사양관리 기술을 배우면서 10통 정도를 선도농가(멘토)에게서 구입하여 신규농업인(귀농인) 현장실습교육 등을 통해 지속적으로 컨설팅을 받으며 2년 정도 경험을 쌓은 후 봉군수를 늘려 나가는 방법이 좋을 것이다. 귀농 농업창업 융자지원금도 꼭 필요한 시점에 적당한 금액을 받으면 된다.

가장 중요한 포인트는 신중하게 작목과 귀농지역을 선택하여야 하며 작목에 대한 전문교육을 받고 2년 이상 귀농연습생 경험을 통하여 재배 기술의 전문성이 높아졌을 때 필요한 경우 귀농 농업창업 융자지원을 받아야 성공 가능성이 높다는 것이다. 귀농·귀촌 초기 정착기에는 생활의 모든 분야에서 지출을 줄이고 작게 시작하기 바란다.

네 번째, 지역주민과의 행복한 상생에 힘써야 한다.

텃세와 싸우지 말고 행복한 촌뜨기로 녹아들기 위해 먼저 인사하고 먼저 다가서라.

다섯 번째, 도와줄 사람(다양한 인적 네트워크)을 찾아라.

농업기술센터, 귀농선배, 선도농가 등 전문가를 찾아 적극적 인적 네트워크를 구축하자.

여섯 번째, 마케팅(유통, 판매)을 늘 염두에 두어라.

어디에, 어떻게 팔 수 있는가를 늘 생각하자.

위에서 살펴본 내용을 전략적으로 종합해 보면 무작정 귀농하지 말고 충분한 귀농·귀촌 준비기간을 갖고 적게 쓰면서 건강하게 사는 것에 초점을 맞추고 귀농·귀촌을 설계해야 하며, 행복한 귀농·귀촌을 위하여 무엇보다도 농업, 농촌을 즐길 수 있어야 한다.

나. 귀농·귀촌 핵심 지원사업

現在 귀농·귀촌 사업은 농어업창업 및 주택구입 지원, 귀농인 선도실습, 체류형 농업창업지원센터, 도시민 농촌유치지원사업, 귀농인의 집, 귀농·귀촌교육 등 다양하게 전개되고 있다.

귀농·귀촌 지원사업을 구체적으로 알아보기 전에 귀농·귀촌의 중요한 전제조건을 알아보자.

행복하고 성공적인 귀농·귀촌을 위해서 두 가지(two track) 전략이 전제되어야 할 것이다.

가장 중요한 것은 인생의 가치적 측면에서 행복한 삶을 이끌어 낼 수 있는 마음가짐이며 두 번째는 이러한 마음가짐을 현실적이고 구체적으로 농업, 농촌의 현장에서 풀어내는 작업이다.

먼저 철저한 사전준비 절차를 거쳐야 한다.

농업, 농촌을 이해하고 정말로 행복한 촌뜨기로 녹아들기 위해 노력해야 하고 정착과정에서 가족 간의 사랑을 실천하고 이웃과의 갈등, 외로움 등 눈앞에 다가선 장애들을 웃으면서 극복할 수 있어야 한다.

웃으면서 극복한다는 것은 즐겨야 성공할 수 있다는 것의 다른 의미의 표현이다.

즉 귀농·귀촌의 과정에서 겪는 수많은 시행착오를 고통스럽게 받아들이지 말고 긍정적으로 받아들여 자신의 장점으로 소화시켜야 한다.

1. 귀농인

- 도시지역에서 1년 이상 주민등록이 되어 있던 자가 농업인이 되기 위해 농촌지역으로 전입한 지 5년 이내인 자
- 농업경영체에 등록한 사람(도시 2년 이내)

※ 농촌지역에 거주하는 자 중 농업인이 되고자 하는 경우 귀농인 인정 (2019. 7. 1.부터 적용)

- 애매한 부분이 많아 세부적인 지침을 가지고 해석해야 할 사항이며 본인이 귀농인에 해당하는가를 정확히 알려면 초본(주소 이력 포함)을 가지고 귀농·귀촌팀에 상담하면 된다.

2. 귀촌인

도시지역에서 농촌지역으로 주민등록 전입신고를 하고 전원생활을 하는 자

※ 토지이용규제정보서비스를 이용하면 지역의 상세한 내역을 알 수 있다.

3. 귀농 농업창업 지원사업의 예시

귀농 농업창업 및 주택구입 지원사업 내용은 수시로 변경되므로 반드시 사업신청 前 상담을 해야 한다.

가. 지원자격(모두 충족해야 함)
- 귀농교육 100시간 이수자
  영농종사경력 6개월 이상 제외: 영농종사경력은 객관적 증빙이 가능해야 한다.
※ 2020. 7. 1.부터 농고, 농대 졸업자는 40세 미만이거나, 40세 이상인 경우는 졸업일로부터 5년까지만 제외
- 농지 1,000㎡ 이상 경작자(예정자 포함)
- 1년 이상 도시지역 거주 후 농촌지역 전입 5년 이내거나 농촌지역에 거주하는 사람 중 최근 5년 이내 영농경험이 없는 자로서 지원기준에 해당하는 사람(재촌 비농업인)
- 신용상 금융거래에 이상 없는 만 65세 이하 세대주

나. 나이제한
만 65세 이하

다. 대출금액
- 3억 한도(2%, 5년 거치 10년 상환)
- 4회 신청 가능. 중도상환 수수료 없음

라. 자금용도
농지구입, 농업시설자금 등

마. 지원제외
- 상근근로자, 사업자등록증 소지자
- 농업 외 소득 3,700만 원 이상인 자(연금, 임대 등)
- 농업을 전업으로 할 예정자에게 지원한다고 이해

위의 사항은 신청자격일 뿐이고 선정은 별도의 사항이다. 삼림분야에도 이와 유사한 사업이 있으므로 임야가 있는 사람은 산림조합에 문의하면 된다.

4. 귀농 주택구입 융자지원(매매, 신축, 증개축)

가. 지원자격
위의 농업창업 지원자격과 동일

나. 나이제한

없음(신용상 금융거래에 이상 없는 세대주)

다. 대출금액

7,500만 원 한도(2%, 5년 거치 10년 상환) 1회

라. 자금용도

주택구입, 신축, 대지구입 등

마. 지원제외

- 상근근로자
- 사업자등록증 소지자
- 농업 외 소득 3,700만 원 이상인 자(연금, 임대 등)

5. 신규농업인(귀농인) 현장실습교육

가. 목적

귀농인에게 단계별 실습교육을 통해 안정적 연착륙 유도

나. 기간

3~7개월에서 탄력적 운영

다. 내용

선도농가(멘토)-연수농가(멘티) 매칭으로 작목기술 연수 체계화

라. 지원기준

교육훈련비 지급

- 매월 10일 이상(1일 8시간 기준) 연수자에 한하여 교육훈련비 지급 (월 80만 원 한도)
- 1일 지급단가 산정기준(8시간): 4만 원
- 선도농가는 연수생 1인당 40만 원 한도

마. 신청서류

신청서, 등본, 초본(주소이력 포함), 건강보험증, 농업경영체 등록증

위의 세 가지 사업이 가장 핵심적인 지원사업의 내용이고 귀농 농업인 소규모 창업자금 지원, 귀농인 농가수택수리비, 귀농인 경작지 임대료 지원, 귀농인의 집 등이 있다.

지자체에 따라 조금씩 다를 수 있으므로 해당 지자체 귀농 관련 부서에서 카운슬링을 받으면 된다.

다. 귀농·귀촌 기본상식 알아 두기

1. 농지

농지는 헌법 제121조 1항(경자유전의 원칙과 농지소작제 금지)에 근거를 두고 있으며 국토 면적의 약 17%를 차지하고 있다. 농지는 농업인, 농업법인(영농조합, 농업회사), 농업인이 될 자가 소유할 수 있으며 초지, 목장용지, 관상용 수목이 식재된 곳은 농지가 아니다. 일반적으로 부동산은 등기주의를 원칙으로 하는데 농지취득자격증명은 농업경영계획서를 작성한다. 축사부지는 2007년 이전 축사부지는 농지가 아니었으나 그 이후는 농지로 본다.

가. 농지 구매 시 유의사항

- 반드시 현지 확인, 소유자 확인, 경계 확인
- 정당한 사유 없이 농사를 짓지 않을 경우 농지 처분 통지 받음
- 처분하지 않을 경우 매년 이행강제금 부과(공시지가의 20%)

나. 농지은행

농지매매, 임대차, 교환분합, 농지유동화 정보관리 등을 통한 영농규모 적정화, 농지의 효율적 이용, 농업구조개선, 농지시장 안정 및 농업인의 소득안정 지원을 목적으로 하며 귀농인들이 많이 이용한다.

2. 농가주택

가. 구매절차

현지확인단계에서는 도로, 경치, 주변 시설, 인접 토지와의 경계를 확인하고 소유자 확인단계에서는 건물(토지) 등기부등본, 도시계획확인원, 건축물대장, 지적도 등을 명확하게 확인한다.

상속주택 구매 시 상속인 여부를 확인하고 토지소유자와 건축물소유자 일치 여부, 무허가 건물 여부(빈집 등) 등을 꼼꼼히 살펴본다.

나. 유의사항

실제 이용되는 도로는 있으나 지적도상 도로가 없는 경우가 많다. 토지거래허가구역인지 확인해야 하며 리모델링(개조) 가능 여부도 살펴본다. 배산임수에 기초해 뒷면에 야산이 접해 있고 포근한 느낌을 주는 남향이 좋으며, 주변에 혐오시설, 위험시설이 없고 시야가 탁 트인 곳이며 물은 집을 기준으로 왼쪽으로 흐르는 것이 풍수에도 좋다고 한다.

※ 배산임수(背山臨水), 전저후고(前低後高), 좌수(左水)

3. 농업용 농막

(법적근거 『농지법 시행규칙 3조 2항』)
농작업에 필요한 농자재, 농기계보관, 수확농작물 간이처리, 또는 일시 휴식 시설을 위하여 설치하는 시설로 주거 목적이 아닌 것이며 연면적 20㎡ 이하(6평)이며 전기, 수도, 가스는 타 법령에 저촉되지 않고 주거 목적이 아니면 가능하다. 해당 농지 읍면에 가설건축물 신고 후 설치하면 된다.

4. 농업인

농업에 종사하는 자로 다음 사항에 해당되어야 한다(농지법 제2조 등).
- 1,000㎡ 이상의 농지에서 농작물 또는 다년생식물을 경작 또는 재배하거나 1년 중 90일 이상 농업에 종사하는 자.
- 농지에 330㎡ 이상의 고정식 온실, 버섯재배사, 비닐하우스 기타 농업생산에 필요한 시설을 설치하여 농작물 또는 다년생 식물을 경작 또는 재배하는 자
- 대 가축 2두, 중 가축 10두, 소 가축 100두, 가금 1,000수, 또는 꿀벌 10군 이상을 사육하거나 1년 중 120일 이상 축산업에 종사하는 자

- 농업경영을 통한 농산물의 연간 판매액이 120만 원 이상인 자
- 농산물가공, 유통, 판매에 1년 이상 종사한 자

5. 농지원부 활용범위(혜택)

가. 세금감면

8년 이상 자경용지에 대한 양도소득세 감면 등 각종 농업 세제 혜택 시 필수 제출서류

나. 농업인의 보험료 지원

농업인의 건강보험료 경감 지원 대상자 선정 시 기초 자료로 활용

다. 농업인 자녀 학자금 지원

라. 농협 조합원 가입

마. 정부 지원 대상 대상자 확인용

바. 농업인(조합원)이 되면 정책지원, 영농자금, 농업용 전기, 면세유, 조세 우대 등 혜택

(농지원부—농업경영체등록—조합원)

6. 영농법인

『농어업경영체 육성 및 지원에 관한 법률』 제16조에 따라 설립된 영농조합법인과 동법 제19조에 따라 설립되고 업무 집행권을 가진 자 3분의 1 이상이 농업인인 농업회사법인을 말한다.
- 국고 보조사업은 농업법인을 우선 지원. 농업법인은 영농조합법인(5인)과 농업회사법인(상법상 규정에 의함)이 있음
- 농림수산부 농수산사업 시행지침서에 의하면, 법인 설립 1년 이상, 법인 적립금 1억 이상 조직원은 5인 이상의 농업인으로 구성해야 하는 것이 필수(지원사업별 조건 준수)
- 정부 보조사업의 수혜 목적이 크다면 5인 이상의 영농조합법인을 구성하는 것이 좋으며 농협 지원은 작목반 구성도 좋은 방법이 될 것이다.
- 가까운 농업기술센터나 농협에서 상담 가능하다.

※ 위에서 열거한 귀농·귀촌 지원사업의 내용이나 지침은 수시로 바뀔 수 있으므로 창업자금을 신청하기 전에 반드시 귀농·귀촌 담당부서와 상담하시길 미리 말씀드린다.
또한 다음에 소개하는 귀농 사례도 이견(異見)이 있을 수 있는 부분은 참고만 하시길 당부드린다.

3

귀농·귀촌 사례
(청춘농부의 귀농별곡)

가. 청춘농부의 귀농별곡(내가 지은 딸기)

달콤한 딸기와 사랑을 나누다!
자연을 그리다가 자연에 살고 있는 청춘농부 최지은

"인생의 달콤한 꿀을 얻기 위해서는 가치 있는 일을 부지런히 해야 한다." 찬바람이 싸늘하게 불어오는 어느 겨울날, 인생의 달콤한 꿀을 얻기 위해 충주시 노은면의 딸기농장에서 구슬땀을 흘리고 있는 청춘농부 최지은 씨(32세)를 만났다.

최 씨는 대학 시절 회화를 전공한 미대생 출신이다. 학창시절부터 노을 지는 시골 들녘 그리기를 좋아하던 그녀는 졸업 후 4년간 직장생활을 하다가 문득 회의감이 들어 귀농을 결심하였다.

최 씨는 충주시농업기술센터의 귀농인정착교육에 참여하여 시설딸기작목에 대해 체계적으로 공부하였다.

이후 귀농 농업창업 융자지원을 통해 토지를 구입하여 시설하우스를 지었으며, 지난해 9월부터 본격적으로 딸기묘를 키우기 시작했다.

올해 목표는 맛과 풍미가 좋은 최고 품질의 딸기를 생산하는 것이다.

딸기는 안토시아닌, 라이코펜과 같은 대표적 항산화물질인 폴리페놀 성분과 비타민C, 철분, 엽산 등 다양한 영양소를 지닌 과일로 혈액순환을 도와주고 피부를 맑게 해준다.

최 씨는 맛있는 딸기를 만들어 자신의 '내가 지은 딸기' 농장을 충주의 대표적인 딸기 명가로 육성하는 것이 희망이자 오늘을 열심히 살아가는 또 하나의 이유이다.

정오의 따스한 햇살을 한 모금 머금었던 그녀의 딸기농원은 청춘의 열정으로 아름답게 저물어 간다.

귀농 전 거주지역: 경기도 군포 산본
귀농 전 직업: 회사원
귀농연도: 2018년
귀농선택작목: 딸기(설향)
농장명: 내가 지은 딸기
농장 규모: 시설하우스 2동(500평), 2동 추가 예정
귀농·귀촌 관련 교육 이수: 귀농인정착교육, 2019년 충주시농업기술센터 청년귀농인 현장실습교육, 귀농닥터(3개월), 딸기 전문교육 등
유통: 직거래 및 경매
귀농창업자금: 3억 원(농지구입 및 시설하우스 2동)
딸기묘 구입: 논산
작목멘토: 딸기 전문 지도사 등

※ 내가 말하고 싶은 귀농 포인트

- 농지구입은 귀농 2년 전부터 알아보기
- 작게 시작해서 점차 확장하기(무작정 농지구입 금지)
- 귀농 초기 가장 힘든 점은 지역사회에 대한 정보 부족으로 농지구입이나 하우스 시공 등이 어려움
- 시설하우스 규격은 농촌진흥청 내재형 설계 시방서를 참조함(농업기술센터 상담 가능)

  귀농창업자금의 효과적 활용(농지구입, 시설자금 등)

  귀농선택작목 공부: 2년 이상. 딸기 전문 지도사의 현장실습, 선도농가 실습, 선진지 벤치마킹 등 과학적이고 체계적인 영농실습과정을 통해 재배기술 향상. 청년귀농인 현장실습교육이 많은 도움이 됨

※ 필자의 견해

2019년 충주시농업기술센터 청년귀농인 현장실습교육(딸기)을 담당하면서 최지은 씨의 귀농컨설턴트로 농장을 방문해 보면 농장 주변 환경 정비가 항상 깨끗하게 잘 되어 있었다.

또한 귀농인정착교육을 받고 두 번째로 딸기 담당 지도사 및 선도농가의 지도하에 단계별 현장실습을 실시한 다음 마지막으로 귀농창업자금 지원사업을 통해 창업을 하였기 때문에 시행착오를 최소화하고 충분한 실습과정을 통해 작목 전문성을 높였다.

최지은 씨는 항상 공부하는 자세로 노력한 결과 처음에는 재배기술 미

흡으로 딸기의 맛도 떨어지고 당도가 낮았지만 현재는 직거래 및 경매 시장에서 맛과 당도 등 품질이 최고수준으로 평가받고 있다.

나. 청춘농부의 귀농별곡(삼청농원 꿀사과)

맑고 깨끗한 맛 삼청농원 유재하 씨

봄바람이 세차게 불어 한기마저 느껴지던 4월 어느 날, 주덕읍 삼청리 삼청농원의 유재하 씨(34세)를 만났다.

농장에 들어서면서 필자는 깜짝 놀랐다. 귀농 2년차의 과원이라고 생각할 수 없을 정도로 과원 환경과 사과나무의 수형이 매우 균형 있게 잘 잡혀 있었기 때문이었다.

마침 유재하 씨는 냉해 입은 가지를 정리하는 작업을 하고 있었다. 고르지 못한 기후로 인해 올해는 전국적으로 냉해 피해가 많다고 한다.

사과나무의 수형이며 과원 환경이 좋은 이유를 물어보니 어릴 적부터 아버지의 과수원 일을 도우면서 성장한 덕분에 귀농에 큰 어려움이 없었다고 한다.

사과 재배기술을 1차적으로는 아버지에게 배우고 부족한 부분은 충북마이스터대학을 다니면서 보완하고 있었다.

다만 안타까운 것은 최근 아버지가 연세가 드시면서 농장일을 힘들어 하시는데 쉬시라고 하지 못하는 게 가장 죄송스럽다고 한다.

유재하 씨의 최고 목표는 맛과 당도가 뛰어난 충북 최고의 사과 장인이 되는 것이다.

귀농 전 거주지역: 울산
귀농 전 직업: 회사원
귀농연도: 2018년 12월
귀농선택작목: 사과(홍로, 미야마 후지)
농장명: 삼청농원
농장 규모: 8,000평
귀농·귀촌 관련 교육 이수: 2019년 충주시농업기술센터 청년귀농인 현장실습교육, 충북마이스터대학 원협반 2년차
특이사항: 2019년 충주시 명품농업인 대상(사과), 청년농업인, 4-H 회원
유통: 직거래 20%(블로그, 지인판매 등), 서울 가락동 50%, 백화점, 대형마트, 학교급식 등 30%
귀농멘토: 아버지(가족경영)

※ 내가 말하고 싶은 귀농 포인트

− 땅은 임대해서 처음엔 작게 시작하라.
− 영농일지를 쓰자.
− 마이스터대학(이론+현장)이 많은 도움이 되었다.

※ **필자의 견해**

사과 재배기술을 배우기 위해 마이스터대학을 다니고 영농일지를 쓰는 등 노력하는 모습이 매우 보기 좋았고 사과의 당도 및 맛도 좋았다. 청년창업농 지원 자금 등 자본 활용 능력도 있어 보인다.

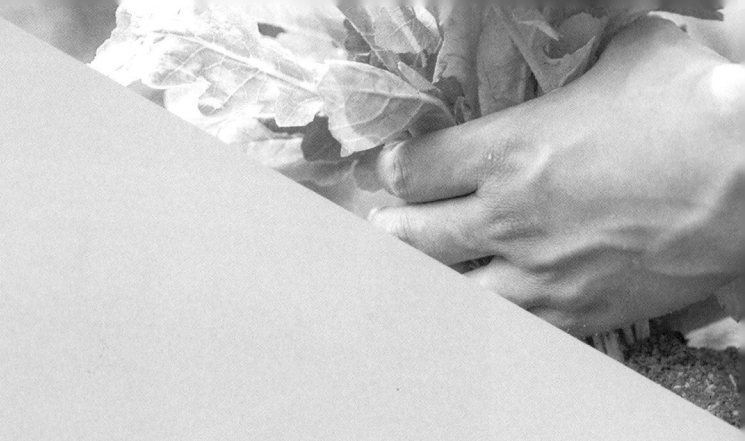

그네의자의 사랑

나의 그리움은 산을 넘지 못했고
너의 사랑은 바다를 건너지 못했다
별빛이 눈물처럼 쏟아지던 날
마침내 우리의 사랑은 진달래꽃으로 피어
봄비처럼 세상을 적시었다

내게 얼마만큼의 사랑이 더 필요할까?

미친 그리움은 중력처럼 너를 끌어당기고 있었고
다시 내게 올 거란 걸 알았지만
앉아서 기다리기엔
사랑의 계절은 너무 슬펐다

다. 청춘농부의 귀농별곡(아론딸기농원)

충주에 빠진 딸기! 아론딸기농원의 정계영·곽은주 부부

화창한 봄날 오후 미친 듯이 졸린 이유는 무엇일까?

쏟아지는 졸음을 쫓기 위해 아메리카노 커피 두 잔을 연거푸 마시고 충주시 금가면 정계영·곽은주 부부가 운영하는 아론딸기농원을 찾았다.

하우스 문을 열고 들어서는 순간 필자는 깜짝 놀랐다. 지금까지 다녀 본 딸기농장 중에 가장 쾌적하고 정리정돈이 잘 되어 있었다.

부부에게 반갑게 인사를 건네며 안부를 물었다.

너무 바빠 보여서 농장 사진만 찍고 간다고 하니까 정계영 씨가 무슨 그런 섭섭한 소리를 하냐고 하면서 정색을 한다.

한창 수확하고 있던 카트를 내려놓고 부부의 귀농 이야기를 들어 본다.

서울에서 회사를 다니던 정계영 씨와 아내인 곽은주 씨는 반복되는 직장생활이 지루하게 느껴질 무렵 딸기에 관심을 가지게 되었고 주말마다 논산, 부여, 충주 등 지역에 내려와 숙식을 하면서 2년이 넘게 딸기 재배기술을 배웠다.

그렇게 열정적으로 딸기 재배기술을 익힌 다음 시설하우스를 짓기 위해 아침부터 저녁 늦게까지 발품을 팔아 이장님, 농업기술센터 직원 등 다양한 인적 네트워크를 활용해 농지를 구입하고 4연동 시설하우스를 지었다. 그동안 축적해온 재배 노하우를 살려 체험농장도 운영하였다.

곽은주 씨는 딸기 수확 작업을 할 때마다 꼼꼼히 당도를 재고 체험농장에 온 고정고객들의 평가에 항상 귀를 기울인다. 즉 고객의 관점에서 농장 운영을 바라보는 것이다.

부부는 아침 7시부터 농장일을 시작하고 밤 9시는 되어야 집으로 돌아온다.

온몸이 지치고 힘들 때면 남편에게 잔소리를 쏟아내지만 동갑내기 이 부부는 늘 성실함과 근면함의 귀농 교과서이다.

이 아름다운 부부의 목표는 최고의 딸기 재배 전문가가 되는 것이다.

귀농 전 거주지역: 서울
귀농 전 직업: 회사원
귀농연도: 2019년
귀농선택작목: 딸기(설향)
농장명: 아론딸기농원
농장 규모: 800평(4연동)
귀농·귀촌 관련 교육 이수: 귀농인정착교육(서울), WPL(딸기작목 현장교육) 등
귀농창업자금: 3억 원(농지, 시설 등)

특이사항: 체험프로그램 운영으로 홍보 극대화
유통: 직거래(카페, 지인판매 등)

※ 내가 말하고 싶은 귀농 포인트

- 귀농은 열정이다!
- 작목재배기술 최소 2년 이상 공부하기(이론+현장)
- 귀농지역 선택 신중하라(판매, 유통 등).
- 귀농은 바쁘다(쉴 시간도 없고 고향도 그립다).
- 농지구입에 과다한 지출 금지!

※ 필자의 견해

정계영·곽은주 부부의 딸기농장은 체험을 하기에 시설하우스가 쾌적하고 깔끔하며 교통편리성이 우수하여 체험객이 많다.

또한 딸기의 맛과 당도가 높아 고정체험객의 재구매로 연결되어 최고의 직거래 조건이 이루어진다.

딸기 재배기술을 2년 넘게 정밀한 부분까지 배우고 창업한 점이 모범적 귀농 사례라고 생각한다.

4

귀농·귀촌 사례
(과수)

가. 즐거운 귀농 인생의 서막

개미자두농장 김황겸·이정희 부부

이솝우화 「개미와 베짱이」가 우리에게 주는 교훈은 무엇일까? 그 의미와 가치가 도덕적이든 아니든 개미는 부지런함과 성실성의 상징적 이미지로 이미 우리에게 각인되어 있다.

여기 개미처럼 아름다운 인생의 2막을 힘차게 달려가고 있는 '개미자두농장' 김황겸 · 이정희 부부가 있다.

중학교 때까지 충주에서 생활한 김 씨는 30년간의 직업군인 생활을 마치고 친구들과 가족들이 있는 충주시 금가면으로 귀농을 하게 되었다.

처음에는 농사에 대한 경험이 부족하여 수많은 시행착오를 겪었고, 과수원에 풀을 키운다며 동네 어르신들에게 꾸지람도 들었다.

하지만 기본에 충실했던 김 씨는 특유의 근면함과 성실성으로 충주시농업기술센터에서의 귀농인정착교육, 농업인대학과 서울대 최고농업정책과정을 수료하는 등 적극적인 배움과 끈기로 점차 농사에 자신감을 갖게 되었다.

배움을 실전에 적용한 결과 김 씨의 과수원은 병과 해충을 줄이는 자연농법의 훌륭한 교육장이 되었으며, 그가 지난 4년간 기록한 영농일지와 사진은 주위 농업인에게 좋은 자료가 되었다.

김 씨 부부는 신품종 자두 0.4ha를 재배하며 8월 중순부터 9월 초까지 수확할 예정이다.

또한 충주시귀농·귀촌협의회 금가면 지회장으로 예비 귀농·귀촌인을 위한 멘토의 역할은 물론 궂은일도 마다하지 않고 지역을 위해 열심히 일을 하고 있다.

2019년 충주시농업기술센터 귀농인정착교육에서는 귀농 사례 발표 및 강의도 하는 등 전방위적인 노력을 하고 있다.

자두는 수용성 식이섬유가 많아 변비 해소와 피부 관리에 좋고, 다량의 안토시아닌이 함유되어 간 기능과 시력 향상에도 도움이 된다고 한다.

김 씨 부부는 탐스럽게 익은 자두를 수확할 부푼 희망으로 더운 날씨에도 구슬땀을 흘리며 열심히 일하고 있다.

귀농 전 거주지역: 전국
귀농 전 직업: 직업군인(예비역 대령)
귀농연도: 2017년
귀농선택작목: 자두(추희, 도담)
농장명: 개미자두농장
농장 규모: 3,630㎡(8,000㎡까지 확대 예정)
귀농·귀촌 관련 교육 이수: 2017년 귀농인정착교육, 연암대학교 교육, 2019년 귀농인정착교육 사례 발표 등

특이사항: 제대군인 귀농특강, 귀농·귀촌협의회 금가지회장

※ 내가 말하고 싶은 귀농 포인트

— 작목 선정: 유행을 따라가지 말자.

— 귀농 전에 선택한 작목을 1년 이상 깊이 공부하자.

— 귀농·귀촌협의회 등 단체를 잘 활용하자.

— 귀농창업자금은 꼭 필요한 시기에만 쓰자.

— 농지 및 건물 등은 자력으로 구입하자.

※ 필자의 견해

개미자두농장의 김황겸 씨의 장점은 끊임없는 자기 노력과 영농일지에 있다.

그가 필자에게 보여준 영농일지는 너무 정밀하고 깔끔하다.

마치 오답노트를 작성하듯 농장을 운영하며 겪었던 시행착오와 부족한 부분을 따로 정리한 내용은 정말로 칭찬할 만하다.

나. 친환경 블루베리와 함께 행복한 人生을!

산척면 '베리조아농원' 이대호·박인자 부부

30년간 서울의 은행에서 근무했던 이대호 씨는 2011년 퇴직과 함께 젊은 날의 보상으로 귀촌을 선택했다.

즐겁기만 할 줄 알았던 농촌생활이 반복되는 일상으로 지루할 무렵, 농업기술센터에서 실시하는 귀농교육을 받으며 블루베리작목을 접하게 되었다.

이 씨는 본격적으로 충주시농업기술센터 농업인대학과 충북농업마이스터대학에서 블루베리를 전공하며 충주시 산척면 3,300㎡ 규모의 과원에 화학비료와 농약을 사용하지 않고 유용미생물과 천연농약을 직접 제조하였다.

안전한 먹거리를 위하여 고집스럽게 친환경 재배를 하고 있는 이 씨 부부는 2018년부터 30여 명의 회원들이 활동하는 충주 블루베리연구회 회장직을 맡으며 블루베리에 대한 사랑은 더욱더 깊어만 가고 있다.

블루베리는 6월 중순부터 시작하여 7월 중·하순까지 수확할 예정이며 올해부터 본격적으로 1.5톤의 생산량을 목표로 생과로 판매할 계획이다.

블루베리는 타임지가 선정한 '오래 살려면 먹어야 할 세계 10대 슈퍼 푸드' 중 하나로 비타민C, 비타민E, 안토시아닌 성분이 풍부하여 당뇨 및 합병증 예방, 시력 회복 등 건강에 좋은 효능이 많다고 한다.

이 씨 부부는 잘 정리된 과원 환경에서 블루베리 따기 체험을 하며 재잘거리는 아이들의 웃음소리가 끊이지 않을 행복한 상상으로 가치 있는 인생의 2막을 준비하고 있다.

귀농 전 거주지역: 서울
귀농 전 직업: 은행원
귀농연도: 2011년
귀농선택작목: 블루베리
농장명: 베리조아
농장 규모: 3,300㎡
귀농·귀촌 관련 교육 이수: 귀농인정착교육, 충주시농업기술센터 농업인대학, 충북농업마이스터대학
귀농멘토: 귀농·귀촌협의회원 및 충주시농업기술센터 등
특이사항: 직거래 능력이 매우 탁월함

※ 내가 말하고 싶은 귀농 포인트

- 직거래의 핵심인 고객의 재구매율을 일정하게 확보하기 위해 고품질, 고객신용관리가 중요함
- 지인판매는 한정적이다(다양한 유통채널이 필요).

※ 필자의 견해

이대호 씨의 최고 장점은 수많은 인적 네트워크를 활용한 직거래 능력이라고 생각된다.

물론 직거래에서 품질은 가장 중요한 재구매 조건이 된다.

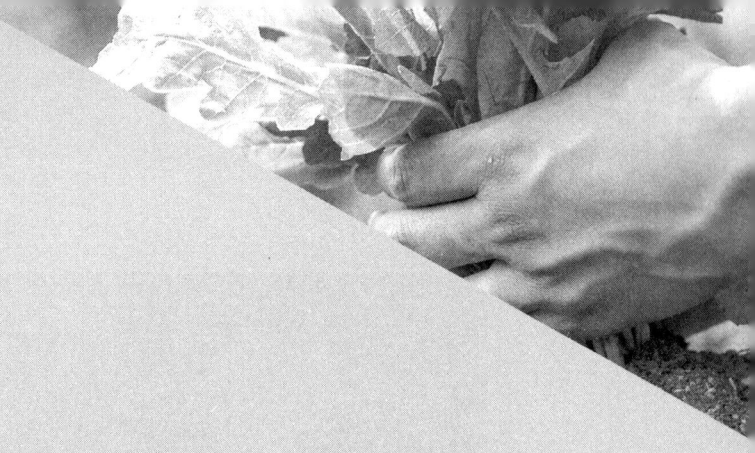

할머니

당신의 환갑잔치 무렵
울음소리가 유난히 큰 아이가 태어났다
뭐가 그리 서러웠던지?

할머니가 군불을 지피며 지으신 밥을 먹으며 아이는 무럭무럭 자라
밭매러 가던 할머니께 고사리손으로 새참을 갖다드리는 일로 따스한 봄날을 보냈다
무심한 세월은 스무 해가 흘렀고 철없는 고시생의 손은
새참 대신 할머니의 영정사진을 안고 있었다

쉽사리 끝내지 못했던 고시공부처럼 청년은 할머니를
보내 드리지 못한다

청년의 눈에 할머니가 생전에 좋아하시던 노랑나비가 들어온다

다. 靑春 귀농! 빨간 사과와 사랑에 빠지다

살미면 '백설사과농장'의 귀농청년 백현철

하루가 다르게 빨갛게 익어 가는 사과들과 아이들의 웃음소리, 사과 수확이 한창인 '백설사과농장'에서 백현철 씨(38세)는 오늘도 바쁜 하루를 보낸다.

서울에서의 10년간의 직장생활을 마치고 자연과 함께 여유롭게 살고 싶은 아내의 권유로 2018년 충주시 살미면에 터를 잡았다.

처음 충주에 내려와서 7,000㎡의 사과 과원을 구입한 뒤 충주시농업기술센터에서 신규농업인(귀농인) 현장실습교육을 통해 노련한 멘토의 지도로 기초부터 차근차근 사과 재배 전문기술을 익혔고 각종 사과 전문교육을 통해 실전 노하우를 습득하였다.

농업기술센터에서 추진하는 '신규농업인 현장실습교육'은 경험이 많은 선도 농업인으로부터 기술을 전수받아 현장에서 실습할 기회를 받을 수 있어 신규 귀농인들에게 매우 인기가 많은 귀농프로그램이다.

백 씨의 과수원은 홍로와 후지를 주 품종으로 재배하고 있으며, 올해 재배한 사과는 네이버 밴드를 이용하여 직거래로 판매하고 있다.

홍콩에서 살다 온 백 씨 아내는 아이들에게 영어를 가르치고 있는데, 백 씨 가족의 꿈은 과수원에 영어도서관을 만들어 공부도 하면서 농촌체험을 함께 하는 농장을 운영하는 것이다.

깊어 가는 가을, 빨갛게 익어 가는 사과와 함께 아이들과 뛰어놀 도서관을 생각하며 백 씨는 오늘도 힘차게 하루를 시작한다.

귀농 전 거주지역: 서울
귀농 전 직업: 회사원
귀농연도: 2018년
귀농선택작목: 사과(홍로, 후지)
농장명: 백설사과농장
농장 규모: 2,000평
귀농·귀촌 관련 교육 이수: 2019년 충주시농업기술센터 청년귀농인 현장실습교육 등
유통: 직거래
귀농창업자금: 2억 2천만 원(과원 구입 등)
특이사항: 직거래 능력 탁월(재구매율 높다)

※ 내가 말하고 싶은 귀농 포인트

- 좋은 멘토를 먼저 만나라.
- 체험과 병행(우수 고객을 만드는 지름길)
- 농산물은 품질로 승부한다.

※ 필자의 견해

체험으로 부가가치를 높인 점이 우수하다.

라. 블랙커런트와 함께하는 행복한 귀농!

'두리농원' 이순정 씨, 블랙커런트 재배로 제2의 인생설계

서울에서 건설회사에 다니던 남편 이광숙 씨(66세)와 전업주부 이순정 씨(65세)는 50대 후반이 되면서 반복적인 회사생활에 회의를 느껴 고심 끝에 정년퇴직이 없는 귀농을 결정하게 된다.

동서와 남북으로 고속도로가 교차하고, 농업에 대한 지원정책이 비교적 잘 되어 있는 충주는 이들 부부에게 제2의 인생을 보내기에 매력적인 도시였다.

귀농 초기에는 이들 부부도 수많은 시행착오를 겪었다.

많은 고민을 거듭한 결과 웰빙시대에 맞는 기능성 농산물로 다양한 판로를 확보할 수 있는 블랙커런트를 재배하기 시작했다.

우리에게 아직은 생소한 블랙커런트는 아로니아와 닮아 보인다. 하지만 아로니아와는 달리 새콤하고 달콤하여 생식용으로 적합하며, 블루베리에 비해 안토시아닌과 비타민, 항산화 성분이 많아 노안, 안구건조증, 피로회복 등에 효과가 있다.

이순정 씨는 충주시 노은면에 위치한 두리농원에서 무농약으로 정성스럽게 생산한 블랙커런트를 냉동과와 잼, 분말, 건과, 발효효소로 가공하여

'숲 담은 블랙커런트'라는 브랜드로 판매하고 있다. 블랙커런트 생과는 6월 20일경 수확 예정이며 가공품은 쇼핑몰에서도 구입이 가능하다고 한다. 블랙커런트와 함께 시작한 제2의 인생은 이순정 씨에게 행복과 웃음을 가져다주었으며, 귀농의 달콤한 꿀도 선사해 주었다.

귀농 전 거주지역: 서울
귀농 전 직업: 회사원, 주부
귀농선택작목: 블랙커런트
농장명: 두리농원
유통: 블로그, 직거래 등 다양

※ **내가 말하고 싶은 귀농 포인트**
- 귀농의 기본은 근면함과 성실함이다.
- 귀농하기 전에 유통과 판매를 먼저 생각하라.

※ **필자의 견해**
직거래 능력이 우수하고 블랙커런트를 활용한 다양한 제품 개발에 노력한다.
농장환경도 매우 깨끗하다.
귀농박람회 등 다양한 행사에 참여하면서 우수한 농장을 벤치마킹하는 데 많은 노력을 한다.

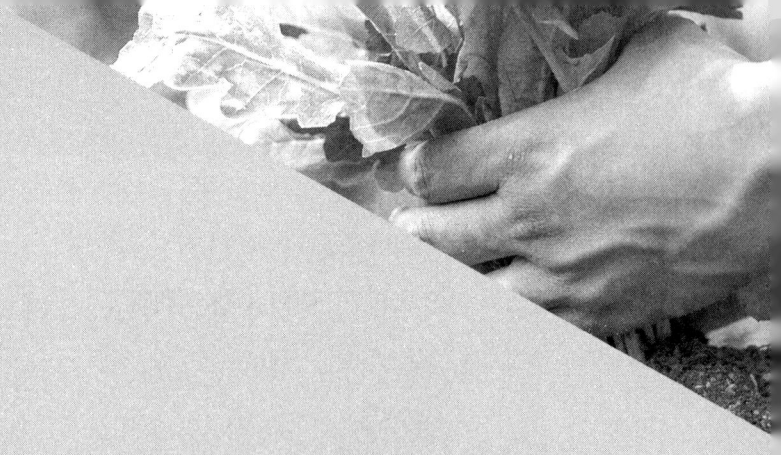

오늘과 내일

내 人生에 가장 행복한 날은
오늘이고

가장 기다려지는 날은
내일이다

마. 지민이의 행복한 아빠로 살리라!

샤인 머스캣에 열정을 담은 '엄지농원' 엄희철 씨

귀농·귀촌은 누구나 저마다의 이유가 있다.
전원생활에의 동경, 시골이 좋아서, 건강상의 이유, 혹은 부농이 되어 풍족한 삶을 살기 위해서…….

여기에 소개하는 엄지농원 엄희철 씨(51세)의 경우는 사랑스러운 딸과 함께 있는 행복을 찾기 위해서이다.
김천에서 매일매일 바쁜 직장생활에 쫓기듯 살아온 그는 돈은 많이 벌었지만 사랑스러운 어린 딸 지민이와 얼굴 한번 보기도 힘든 세월을 10년이나 보냈다.
어느 날 그는 과감하게 사표를 던지고 그의 고향 충주시 앙성면으로 귀농을 하게 된다.
귀농작목으로 자두를 선택하였고 김천시, 상주시를 부지런히 오가며 전문기술을 배웠지만 쉽지만은 않았다. 과수는 처음 몇 년 동안은 수입이 없기 때문에 농사를 짓지 않는 시간은 골프장에서 일을 하였다. 농사일은 힘들지만 지민이를 비롯한 가족이 함께할 수 있어서 행복했다.

엄희철 씨는 그렇게 3년을 열심히 농사를 지었고 4년째 되던 해 샤인 머스캣을 재배하기 시작하였다. 재배기술을 익히기 위해 전국을 돌아다녔고 현재 1,000평의 하우스에서 샤인 머스캣 재배를 하고 있다.

2019년 엄지농원에서 출하된 샤인 머스캣을 먹어본 고객들은 벌써부터 예약전화를 하고 있다.

엄희철 씨는 자신보다 늦게 샤인 머스캣 농사를 짓게 된 김현덕 씨, 홍성자 씨에게 많은 도움을 주며 귀농멘토로 활동하고 있다.

귀농 전 거주지역: 김천
귀농 전 직업: 회사원
귀농연도: 2013년
귀농선택작목: 자두(추희, 포모사), 샤인 머스캣
농장명: 엄지농원
농장 규모: 샤인 머스캣(1,000평), 자두(1,000평)
귀농·귀촌 관련 교육 이수: 귀농인정착교육, 2019년 충주시농업기술센터 신규농업인(귀농인) 현장실습교육 등
유통: 직거래, 도매
특이사항: 2019년 충주시농업기술센터 귀농인정착교육 사례 특강

※ 내가 말하고 싶은 귀농 포인트

- 귀농의 시작은 농업, 농촌에 대한 이해이다.

- 농사는 힘들다(굳은 각오가 아니면 귀농을 하지 마라).

- 처음에는 작게 시작하라.

바. 해병대 아저씨의 포도 사랑

자연이 좋아 귀농한 현(現)농원 김현덕 씨의
각별한 포도 사랑!

서울에서 30년 동안의 회사원 생활을 정리하고 자영업을 하던 중 김현덕 씨는 텔레비전에서 귀농·귀촌 프로그램을 시청하다가 문득 귀농을 결심했다.

그는 즉시 서울생활을 정리하고 충주로 귀농하였다.

평소 귀농작목으로 포도를 생각하던 그는 샤인 머스캣과 캠벨을 선택하고 본격적으로 충북 영동군, 경북 김천시 등에서 포도 전문교육을 받고 충주시농업기술센터 신규농업인(귀농인) 현장실습교육을 받으며 엄희철 씨를 만나 다양한 귀농 노하우를 배웠다.

그리고 약용작물에도 관심을 가져 최근 1년 동안 열심히 공부하고 있다. 병풀(마데카솔의 원료)에도 관심을 가져 시설하우스 2동(400평)에 내년에 식재할 예정이다.

아직은 힘든 점도 많고 재배기술도 더 익혀야 하지만 그는 서두르지 않고 그만의 귀농인의 길을 걷고 있다.

머지않아 그의 아내도 퇴직을 하고 함께 생활할 것을 상상만 해도 해병대 아저씨의 마음은 행복하기만 하다.

귀농 전 거주지역: 서울
귀농 전 직업: 자영업, 회사원
귀농연도: 2018년
귀농선택작목: 포도(샤인 머스캣, 캠벨)
농장명: 현(現)농원
농장 규모: 2,200평(포도 1,650평, 병풀 및 기타 550평)
귀농·귀촌 관련 교육 이수: 귀농인정착교육, 2018년 충주시농업기술센터 신규농업인(귀농인) 현장실습교육, 포도 전문교육(10개월) 등
귀농창업자금: 6천만 원(농지구입 등)
특이사항: 포도 전문교육(영동군, 김천시 등) 이수

※ 내가 말하고 싶은 귀농 포인트

- 귀농은 연습생 생활이 필수
- 귀농인 현장실습 교육(멘토-멘티)을 받아라.
- 자금을 효과적으로 운영하라.
- 농지구입, 주택구입은 항상 신중하게 선택한다.

사. 포도밭에서 人生의 새로운 꿈을 꾸다!

탐스러운 포도송이와 함께 익어 가는 홍성자 씨의 꿈

젊은 시절 충주에서 회사원으로 바쁜 시절을 다 보내고 인생의 회의가 머릿속에 맴돌 무렵 홍성자 씨는 귀농을 결심하게 된다.

처음에는 농사를 너무 몰라서 주위 사람들이 이야기하는 것을 무작정 따라 하다가 많은 실수와 좌절을 겪었다. 엄나무를 비롯한 다양한 작물을 심어 보았지만 매번 적자를 면하기 힘든 상황의 연속이었다.

그렇게 2~3년의 소중한 시간을 보낸 뒤 우연한 기회에 충주시농업기술센터를 찾게 되었는데 마침 귀농인정착교육 신청시기였다. 귀농인정착교육을 열심히 받으면서 점차적으로 농업에 대한 현실감각과 작물에 대한 재배기술을 체계적으로 배울 수 있었다.

한마디로 작물을 보는 눈이 생기기 시작한 것이다.

2019년에는 충주시농업기술센터에서 추진하는 신규농업인(귀농인) 현장실습교육을 통해 선도농가와 멘토-멘티 관계를 맺고 샤인 머스캣에 대해 이론과 농가현장에서 밤늦도록 공부하고 연구한 결과 자신만의 재배기술을 확립할 수 있었다.

귀농 전 거주지역: 충주

귀농 전 직업: 회사원

귀농연도: 2017년

귀농선택작목: 포도(샤인 머스캣), 복숭아

농장 규모: 샤인 머스캣(3연동 600평), 복숭아(500평)

귀농·귀촌 관련 교육 이수: 2018년 귀농인정착교육, 2019년 충주시농업기술센터 신규농업인(귀농인) 현장실습교육 등

작목멘토: 엄희철(샤인 머스캣 선도농가)

※ 내가 말하고 싶은 귀농 포인트

충주시농업기술센터에서 받은 귀농인정착교육 및 2019년 신규농업인(귀농인) 현장실습교육을 통하여 체계적으로 샤인 머스캣 재배기술을 습득하였음(현장실습교육 추천함)

아. 귀농은 행복의 서막

귀농은 實戰이다! 항상 준비하는 열혈 귀농인 최영주 씨

평화로울 때 전쟁을 준비하란 말이 있듯이 요즘처럼 기후가 다변화되고 자연재해도 예측하기 힘든 시기에 사과 농사는 정말 힘들다고 한다.

경기도에서 사업에 청춘을 다 바치고 어느 날 농촌이 그리워 무작정 귀농하였다는 최영주 씨는 요즘 하루가 너무 길다. 냉해 입은 사과나무를 정리하고 돌아서면 올라오기 시작하는 풀과의 전쟁도 준비해야 하기 때문이다.

그녀는 2016년 귀농하여 현재 5,000평의 사과농장을 운영하고 있다. 주된 품종은 홍로, 후지며 2,000평에는 1년생 밭작물을 심었다. 최근 코로나-19로 인해 작업인력을 구하기가 힘들 뿐만 아니라 생각만큼 사과 농사가 쉽지 않은 까닭이다.

그래도 2019년 신규농업인(귀농인) 현장실습교육을 통해 선도농가로부터 많은 재배 실전기술을 익혔고 틈틈이 충북마이스터대학을 다니면서 열심히 공부한 결과 이제는 자신만의 사과 재배기술을 정립해 가고 있는 중이다.

농사는 자기 자신과의 싸움이기도 하지만 날씨가 도와주어야 한다고 그녀는 말한다.
하지만 귀농에 더욱 중요한 자세는 항상 실전에 임하는 열정과 노력이라고 말한다.

귀농 전 거주지역: 경기도
귀농 전 직업: 자영업
귀농연도: 2016년
귀농선택작목: 사과(홍로, 후지)
농장명: 햇살愛농원
농장 규모: 7,000평(사과 5,000평, 기타 밭작물 2,000평)
귀농·귀촌 관련 교육 이수: 귀농인정착교육(110시간)
                2019년 충주시농업기술센터 신규농업인(귀농인)
                현장실습교육, 충북마이스터대학 2년차
귀농멘토: 충주시농업기술센터 등
유통: 직거래 30%, 원예조합 70%

※ 내가 말하고 싶은 귀농 포인트

- 작목에 대한 기술력이 중요(2년 이상 학습)
- 냉해 등 자연재해에 최대한 대비할 것(풍수해 보험 등)
- 작업인력 확보(최근 외국인 근로자 비중 높아짐)
- 과원 구입(수목연령 및 품종, 과원 상태 등 종합적으로 고려)

귀농·귀촌 사례
(양봉)

가. 벌을 닮은 청년농부의 달콤한 상상

고품격 프리미엄 꿀 생산으로 꿈을 키워 가는
산척면 유상열 씨

기원전 7천 년 전 고대 동굴벽화에도 기록되었을 만큼 오랜 역사를 가진 벌꿀은 피로회복, 숙취해소, 피부 보습 등 신체 건강과 피부에 도움을 주며, 각종 비타민과 미네랄 등이 함유되어 면역력을 강화하는 종합영양제이자 자연을 담은 완전식품이다.

부산에서 직장생활과 사업을 하던 유상열 씨(39세)는 고향에서 같이 살고 싶어 하시는 부모님의 뜻을 따라 10여 년 전 충주시 산척면에 자리를 잡았다.

맑고 깨끗한 자연 속에서 벌꿀을 채취하는 양봉의 매력에 빠져 농업을 시작하게 된 그는 농업기술센터에서 추진하는 귀농인 현장실습교육을 통해 양봉에 대한 기초를 닦았다.

양봉선배였던 귀농·귀촌협의회 회장과의 인연으로 현재 그는 귀농·귀촌협의회 총무팀장직을 맡고 있기도 하다.

최고 품질의 꿀을 얻기 위해 150개의 벌통을 이동하는 양봉 방식을 고집하며, 계절과 지역에 따라 아카시아 꿀, 야생화 꿀뿐만 아니라 일반인들에게 생소한 옻꿀 등 다양한 꿀을 채취하고 있다.

유 씨가 채취하는 꿀은 수분함유량, 잔류농약 검출 여부 등 25가지 성분을 국내 최고 기준의 까다로운 검사를 통과하고 충주시농업기술센터에서 합격해 인증서를 부여받은 프리미엄 꿀이다.

1km의 꿀을 모으기 위해 45만 km를 비행하는 벌을 닮은 유 씨는 믿을 수 있는 꿀 생산을 위해 오늘도 꿀 떨어지는 하루를 보내고 있다.

귀농 전 거주지역: 부산

귀농 전 직업: 자영업, 해운대 패밀리레스토랑 근무

귀농연도: 2016년

귀농선택작목: 양봉, 고구마 1,000평

농장명: 조은마음농장

농장 규모: 봉군수 200통, 고구마 1,000평

귀농·귀촌 관련 교육 이수: 귀농인정착교육, 양봉 관련 교육 등

유통: 직거래 40%, 양봉농협 수매 60%

특이사항: 승마지도사, 귀농·귀촌협의회 총무팀장

※ 내가 말하고 싶은 귀농 포인트

− 농업기술센터로부터 선도농가를 소개받아라!

− 멘토−멘티 맞춤형 재배기술로 배우기

− 양봉은 주변 환경(밀원수, 기후 등)이 중요하다.

− 본인은 15통으로 시작함

One way ticket!

가끔씩은 놓친 기차를 타고 싶을 때가 있다
때로는 떠나보낸 사랑이 아름답게 느껴질 때도 있다
머지않아 지나 버린 세월이 가슴 시리게 소중하게
느껴질 것이다

지금 내가 나를 가장 사랑해야 할 이유이다!

나. 일벌의 열정으로
人生의 달콤한 꿀을 따는 남자!

벌꿀로 희망을 쏘아 올리는 중년의 꿈, 조효준 씨

현대를 살아가는 보통의 남자들은 젊은 시절 쉴 틈 없이 바쁜 반복적 일상으로 중년의 삶은 여유롭고 가치 있게 살고 싶은 전원생활의 로망을 꿈꾼다.

요즈음 이러한 로망을 몸으로 잘 보여 주는 중년의 양봉인 조효준 씨(66세)를 만났다.

2000년 공직생활 명퇴 후 컴퓨터 관련 사업을 시작했지만 2년 만에 뼈아픈 실패를 경험하고 실의에 빠져 있을 때, 지인의 권유로 시작하게 된 양봉은 그에게 잃어버렸던 자신감과 인생의 새로운 열정을 심어 주었다.

2003년 벌통 20개로 선도농가를 찾아다니며 열심히 배웠지만 생각만큼 기술 습득도 쉽지 않았고 열악한 기후조건 및 자본 부족으로 수년 동안 힘든 생활을 계속해야만 했다.

하지만 그는 좌절하지 않고 더욱더 기술 습득에 전념하였고 2013년에는 봉군 수를 50여 통으로 늘렸다. 또한 충주시농업기술센터에서 운영하는 토종벌연구회 및 각종 모임을 통한 교육과 양봉농가 간의 정보교류를 통해 차츰 자신만의 양봉기술을 정립하기 시작했고 현재 상주와 충주를 왕래하면서 봄부터 아카시아꽃과 밤꽃을 찾아 양봉을 하고 있다.

기후변동으로 벌을 키우는 것이 쉽지 않지만 특유의 성실함과 끊임없는 자기발견식 학습으로 현재는 충주시 엄정면 신만리 3ha의 밤농장에 양봉 130통, 토봉 30통의 벌을 키우고 있으며 2월부터 11월까지 유산균과 효모균 등 유용미생물을 투입으로 질병 없이 벌을 강하게 키울 수 있는 방법이 있지 않을까 고민하고 있다.

2019년에는 신규농업인 현장실습교육에서 초보 양봉인을 위한 멘토로 활동하였다.

벌꿀은 완숙 정도와 농도로 품질이 결정되는데, 그는 10일 동안의 채밀기간을 걸쳐 품질 좋은 꿀을 연간 3,000kg 이상 생산하고 있다.

현재 그는 꿀과 화분(꽃가루), 프로폴리스 등을 생산하면서 꿀벌의 매력에 흠뻑 빠져 있다.

『동의보감』에 따르면 벌꿀은 오장육부를 편안하게 하고 기운을 돋우며, 비위를 방지하며 정력증강에도 효과가 있다고 한다. 또한 요즘에는 프로폴리스, 화분(꽃가루) 등 각종 양봉산물을 벌꿀과 함께 기능성 건강식품으로 찾는 소비자가 늘고 있다.

최근 조효준 씨는 벌꿀의 생산뿐만 아니라 헛개나무를 포함한 각종 밀원수의 식재, 유통 활성화에도 많은 관심을 가지고 어떻게 하면 소비자에게 안전하고 고품질의 벌꿀 제품을 행복하게 제공할 것인가를 연구하고 있다.

공직 퇴직 후 힘들었던 그의 영혼은 희망의 밀랍으로 채워지고 있다. 달콤한 인생은 우리 마음속에 있으며 인생은 꿈꾸는 자의 몫이라고 그는 웃으며 말한다.

귀농 전 거주지역: 서울
귀농 전 직업: 공무원
귀농연도: 2015년
귀농선택작목: 양봉, 밤
농장 규모: 봉군수(양봉 130, 토종벌 30)
귀농·귀촌 관련 교육 이수: 귀농인정착교육, 2019년 충주시농업기술센터 신규농업인(귀농인) 현장실습교육 등

※ 내가 말하고 싶은 귀농 포인트

- 귀농하려면 제대로 하라(열정).
- 양봉은 무조건 벌통 곁에 있어야 한다.
- 귀농 前 선도농가에게 먼저 배워라!

영혼을 잃어버린 그대에게

어린이는 아이돌을 따라하다 동심을 잃어버렸고
20~30대는 토익점수와 비트코인 등에 정신이 팔려 도전정신을 잃어버렸다
40~50대는 집, 땅, 차에 자신을 잃어버렸고
60~70대는 자신의 人生을 잃어버렸다

공직자는 공익(公益)을 잃어버렸고
사법부는 정의를 거래하였다
역사가는 사관(史觀)을 잃어버렸고
우리는 반도에 얽매여 자부심과 대륙을 잃어버렸다
교육자는 참교육의 가치를 잃어버렸고 정치인은 양심과 도덕성, 국민에 대한
책임마저 잃어버렸다

살다 보면 잊어버리는 일도 많고 잃어버리고 사는 것이 좋을 때도 많지만 잃어
버리지 말아야 하는 것은 죽기 살기로
잃어버리지 말자!

그게 우리의 영혼이라면……

다. 영양만점 벌꿀로 달콤한 행복을 전하다

친환경미생물을 이용해 청정 꿀 생산하는 김동구 씨

신혼부부가 가는 여행길을 허니문이라 하는데, 여기에 나오는 허니(honey)는 꿀이라는 뜻이다.

꿀은 그만큼 달콤하고 건강한 자연의 선물로 오래전부터 세계 곳곳에서 약재 및 식품으로 사랑받아 왔다. 그만큼 영양과 효능이 우수하다. 성인병 예방, 피로회복과 면역력 강화 등에 효능이 있는 것으로 알려져 있으며, 진한 달콤함으로 음식 맛을 풍부하게 해주는 천연 감미료로 사용된다.

여기에 소개하는 김동구 씨의 귀농은 악화되었던 건강을 회복하고 정신적으로 행복감을 되찾기 위해서였다.

김동구 씨는 청주에서 오랜 세월 인쇄업에 종사하다 건강에 이상이 생겨 귀농을 결심하였다. 그는 고향인 충주시 산척면으로 귀농하여 기초부터 차근차근 기술을 배웠고 현재 150여 통의 벌꿀을 생산하며 건강과 행복을 찾아가고 있다.

김 씨는 충주시농업기술센터가 제공하는 미생물을 이용해 건강한 벌을 사육하고, 옻나무나 은행나무, 옥살산 같은 자연에서 추출한 항생제로 바이러스에 대응하며 꿀을 생산하고 있다.

김동구 씨는 충주 천등산이나 월악산 자락에서 우수한 토종벌꿀이 많이 생산되고 있기 때문에 토종꿀 하면 충주가 떠오를 수 있도록 양봉농가들과 함께 최선을 다하고 있다.

귀농 전 거주지역: 청주
귀농 전 직업: 인쇄업
귀농연도: 2016년
귀농선택작목: 양봉, 토종벌
농장명: 천등산 농원
농장 규모: 봉군수(양봉 100, 토종벌 150)
귀농·귀촌 관련 교육 이수: 귀농인정착교육, 2018년 충주시농업기술센터 신규농업인(귀농인) 현장실습교육, 2019년 충주시 농업기술센터 농업인대학 양봉학과
특이사항: 토종벌 연구회 총무

※ 내가 말하고 싶은 귀농 포인트

- 귀농인의 자세(농업, 농촌에 대한 이해)
- 지역주민과의 융화(먼저 인사하고 다가서라.)
- 작목 선택(연령, 손익분기점을 종합적 고려)
- 귀농은 상식이다!

라. 월악산 자락에서 행복한 時節을 살다!

달콤한 꿀처럼 아름다운 人生을 살고 있는
'한돈 벌꿀농장' 한운형 씨

계절의 여왕 5월의 첫날 월악산국립공원 다래나무가 많은 지역에 위치한 한운형 씨의 봉장을 찾았다.

점심 먹고 잠시 쉴 틈도 없이 화분(꽃가루)을 채취하고 주변 환경을 정비하느라 정신이 없어 보인다. 하지만 큰 소리로 인사를 하고 다가서는 필자를 반갑게 맞아 준다.

일손을 멈추고 잠시 쉬면서 그의 귀농 사연을 들어 보았다.

원래 그는 농업계(축산) 학교를 졸업했지만 자동차 정비, 기계 설비 등에 관심이 많아 젊은 시절에는 자영업을 하였다. 하지만 평소에도 양봉에 관심이 많았다고 한다.

2014년 사업을 정리하고 경북 칠곡에서 양봉을 처음 접하게 되었고 2015년 충주시 소태면에서 2만 평의 밤농장과 벌통 10통으로 양봉을 시작했다. 2016년 충주시농업기술센터에서 충주시양봉협회 회장이자 40년 전문 양봉인 김철한 씨를 만나면서 그는 본격적으로 양봉기술을 배우기 시작했다.

아침부터 저녁 늦게까지 멘토의 봉장과 자신의 봉장 사이를 오가며 3년 동안 지극정성으로 양봉 사양기술을 배웠고 충주시농업기술센터 양봉학과에 다니면서 수많은 양봉인들과 인적 네트워크를 구축할 수 있었다. 현재는 약 200여 통의 꿀벌을 키우고 있으며 밀원수에도 많은 관심을 가지고 있다. 그는 여주, 초석잠 등 약초농사도 병행하며 행복한 인생 2막을 열어 가고 있다.

귀농 전 거주지역: 충주
귀농 전 직업: 자영업(기계, 설비 등)
귀농연도: 2015년(양봉, 밤)
농장 규모: 봉군수 200통, 약초 2,000평
귀농·귀촌 관련 교육 이수: 충주시농업기술센터 농업인대학 양봉학과, 양봉전문교육 등
유통: 직거래 70%, 농협 30%
특이사항: 충주시농업기술센터 양봉연구회 회원

※ 내가 말하고 싶은 귀농 포인트

- 처음부터 땅과 주택을 사지 마라.
- 양봉 사양기술부터 먼저 배워라(최소 1년 이상).
- 멘토를 잘 만나서 좋은 벌을 구입하라.
- 양봉 입지조건(소음이 없고 주변에 밀원수 많은 곳 등)
- 처음엔 10통 정도로 적게 시작하라.

마. 양봉의 기초

몇 년 전만 해도 양봉과 표고버섯 재배는 초보 귀농인들에게 매우 인기 있는 귀농 아이템이었다.
다른 작목보다 상대적으로 초기비용이 적게 들면서 소면적에서 기술 중심적으로 접근할 수 있었던 데 그 주요한 이유가 있다.
현재도 양봉을 시작하는 귀농·귀촌인이 점차 늘고 있는 추세이다. 따라서 시군농업기술센터에는 양봉 및 토종벌 사육기술을 배우기 위해 교육 및 사양기술 문의가 나날이 늘고 있다. 문의 사항은 교육을 어디서 받는가와 양봉자재 구입처, 사양기술, 연구회 등 법인 구성, 밀원식물 재배 등이다.
현재 충주시농업기술센터에도 두 개의 연구회(양봉, 토종벌)가 활발하게 활동하고 있으며 연구회별 매월 과제교육도 실시하고 있다.
양봉을 시작하려는 초보 귀농·귀촌인에게 필자는 도제식 현장교육을 권장한다. 이론교육을 수강하고 벌통을 사서 본격적인 양봉을 시작하는 것도 좋지만 이론과 현장은 많은 괴리가 있기 때문에 이론을 이해하는 것도 어렵고 사양관리의 현장에 접목하기도 매우 힘들다.
따라서 시군센터 담당자와 먼저 상담한 뒤 양봉 선도농가를 소개받아 현장에서 견습생으로 일정 기간(1년 이상)을 배운 뒤에 벌통(10개 정도) 및 기자재를 2월 초에 구입하여 본격적으로 시작해보는 것도 괜찮을 듯 싶다. 벌통 및 기자재를 2월 초에 구입하는 이유는 초보자는 월동 사양 기술이 매우 부족하여 겨울을 나면서 벌을 많이 죽이는 사례를 많이 보았기 때문이다. 또한 2월부터 시작하면(선도농가와 멘토-멘티 활동) 그해 꿀을 채취할 수 있으며 다음 해 2월까지 1년 동안 꾸준히 양봉일지를 쓰면서 사양관리를 배우면 많은 도움이 될 것이다.

또한 개인적으로 양봉을 하는 것보다 양봉연구회에 가입하거나 지역 협회에 가입하여 단체로 활동하는 것도 좋은 방법이다.

양봉자재의 구입도 한국양봉농협 및 지역에 있는 양봉원을 이용하면 되는데 먼저 선도농가와 상담하여 샘플을 보고 선택하는 것도 좋은 방법이다.

양봉선택지 주변에 밀원식물의 존재 여부도 관심을 가져야 한다. 주요 밀원은 헛개나무(풍성 1호 등), 모감주나무, 쉬나무, 산초, 싸리, 밤나무, 아카시아, 메밀(봄, 가을) 등이 있으며 화분작물은 옥수수, 호박, 환삼덩굴, 벼 등이 있는데 전국적으로 밀원식물의 다양한 식재가 필요한 시점이다.

계절별로 밀원 및 온도에 따라 꿀벌 집단의 크기는 변화무쌍하다.
2월 초에는 종족 번식을 위해 산란과 육아를 시작하고 4~5월은 꿀벌의 세력이 최고조에 이르는 때이며 여름철은 산란율이 감소하고 활동이 저조하다(면역 저하, 산란권 감소 부저병 등 바이러스성 질병 유발 등).

가을은 산란권이 증가되나 번식은 왕성하지 못하며 겨울은 월동관리에 주의한다. 2018년은 혹한 및 고르지 못한 기온 및 기상여건으로 인하여 전국적으로 작황(벌꿀생산량 등)이 매우 저조하였다.

월동장소는 벌통 입구가 남향이며 바람, 습기가 적고 소음이나 진동이 없는 곳이 좋으며 강추위에 대비하여 폭설, 강풍, 쥐 등에 유의한다.

월별로 대략적인 사양관리를 살펴보면, 1월은 한 해의 양봉 계획을 세우고 봉군 관리(추위 대비 보온, 환기 등), 화분떡 준비, 양봉자재 준비를 한다. 2월은 육아 시 봉군의 온도 35℃를 잘 유지하도록 하고 꽃샘추위, 폭설 등에 주의하며 추위로 인한 낙봉, 온화한 날 식량 점검 등 꿀벌 관리에 유의한다.

영·호남 지방에서는 2월 초부터 봄벌 관리가 시작되나 중부지방에서는 대개 2월 중순경부터 시작된다.

봄벌 관리에서 중요한 것은 소비 수를 축소하여 꿀벌을 가능한 밀집시키는 것이다.

봄벌의 산란과 육아는 온도, 먹이 및 환기의 조절이 중요하며 인위적으로 보온을 잘해 주어도 벌이 가득하게 빽빽하게 뭉쳐 열을 발산하여 35℃를 유지하는 것만은 못하다.

외기온도가 5~6℃ 떨어져 산란과 육아에 지장이 초래될 때는 보온덮개를 소문까지 가려 주고 다음 날 아침 외기온도가 10℃ 이상이 되면 앞을 가려 주었던 보온덮개를 치켜올려 소문 위로 3cm 정도 떨어지게 한다.

3월은 갑작스러운 꽃샘추위에 대비하고 4월은 1년 중 꿀벌 번식이 가장 활발하기 때문에 온도상승으로 인한 습도 부족을 방지하고 아카시아 유밀기를 대비해서 외역봉 확보와 분봉열 방지에 최선을 다한다.

여름철 꿀벌 관리의 포인트는 장마철과 폭염에 주의한 사양관리이다. 무밀기로 전환되어 꿀벌의 체력이 감소되고 산란권도 최소로 유지만 되기 때문에 꿀벌의 질병도 발생하기 쉽다.

6월 하순경부터 더위가 심해지면 비가림 양봉사로서 수십 미터 길이의 비닐하우스 차양막 또는 패널 지붕을 설치하는 것이 좋다. 여름철 시원한 그늘을 만들어, 벌통을 뜨거운 햇볕과 폭우로부터 보호하는 등 봉군 관리에도 편리하다.

또는 30mm 스티로폼으로 벌통 6면 전체를 외부 포장할 경우 외기온도가 38~40℃가 되어도 벌통 내부는 상대적으로 시원한 환경을 만들 수 있다. 요즈음은 여름철에 모든 봉군을 완제품 스티로폼 벌통으로 사육하는 양봉농가들도 늘고 있다.

가을철 사양관리를 간단하게 살펴보면 가을철은 도봉이 심하므로 초가을 채밀을 하는 날에는 이른 아침에 소문을 차단하고 채밀하는 게 좋으며 가을철 채밀은 가급적 삼가는 것이 월동에 유리하다.

또한 봉군의 세력이 약한 것은 과감하게 합봉하여 강군을 육성한다. 한 봉군에는 반드시 한 마리의 여왕벌이 있어야 하므로 여왕벌이 망실되거나 늙어 쓸모가 없어진 경우 건강한 새 여왕벌로 교체할 수 있다.

가을철은 월동군 양성과 월동식량 확보에 초점을 맞추어 사양관리에 집중한다. 8월 말까지는 채밀을 마치고 9월부터는 월동군을 양성해야 하는데 9월 말경에 내검하여 먹이의 상태를 점검하고 부족해 보이는 봉군에는 당액을 더 급여한다.

10월 10일경 내검하고 소비 한 장씩을 또 축소하여 빼낸 꿀소비로 먹이를 조절한다. 10월 10일 이후 먹이가 부족해 보이면 당액으로 보충하지 말고 빼놓았던 꿀소비로 보충해 주어야 한다. 늦가을까지 당액을 급여하면 불량 식량이 되고 습기가 많아 월동 중 설사를 한다.

겨울철 꿀벌 관리의 포인트는 10월부터 월동 준비를 위한 관리에 들어가야 하는데 월동식량을 점검하고 질병을 확인(응애약 처리 등)하고 강추위에 대비하여야 한다.

양봉 사양관리의 핵심은 계절별 양봉 사양관리의 실천과 함께 연중 질병관리(부저, 석고, 노제마병 등), 지역별 다양한 밀원수의 개발, 말벌 퇴치 등이 종합적으로 이루어져야 한다는 것이다.

필자가 2018년 양봉농가와 공동으로 추진한 말벌 퇴치기 시험연구(4~10월) 결과, 봄철 여왕벌 제거(3~5월) 및 말벌 최성기(8~10월) 집중 방제가 가장 효과가 컸다. 또한 포획량 조사결과 중부권(충주시 기준)은 장수말벌 및 일반 말벌이 80% 정도고 아열대성 등검은말벌은 10% 내외의 분포를 보였다.

1. 말벌 퇴치의 중요성

말벌 피해는 최근 해마다 반복되어 양봉농가에 적지 않은 피해를 주고 있으며 장수말벌, 대추말벌뿐만 아니라 2003년 부산에서 처음 발견된 아열대성 등검은말벌(머리 검은색, 6개의 다리 끝부분 노란색, 둘째 마디 오렌지색) 등이 극성을 부리고 있다.
봄에 출현하는 말벌은 전부 말벌 여왕벌이므로 이때의 여왕벌 포획은 말벌 1천 마리를 제거하는 효과를 볼 수 있다.
말벌 유인액을 제조하는 방법은 여러 가지가 있으나 대표적 방법을 소개한다.

- 설탕 1포를 이용하여 사양액 30L를 만든다.
- 포도원액 또는 포도주스 1.5L 두 개(3L)를 사양액에 넣어 준다.
- 3~4일 정도 상온에서 숙성시키면 시큼한 냄새가 나면서 변질된다.
- 유인액을 포획기나 작은 대야에 담은 뒤 벌통과 벌통 사이 그늘에 놓는다.
- 유인액에 꿀벌이 자주 달려들면 물을 첨가하여 희석한 뒤 발효시킨다.

※ 필자도 현재 꿀벌을 키우며 양봉시험연구를 하고 있다.

2. 양봉의 병충해

가. 노제마병(병원체는 곰팡이(진균) 대표 증상은 설사)

노제마병은 이른 봄철과 싸늘한 가을철에 발생한다.

노제마에 심하게 감염되어도 초기에는 특이한 증상은 없지만 점차 일벌들의 활동이 둔화되어 날지 못하고 기어 다니는데 봄철에 흔히 볼 수 있는 현상이다. 심할 경우 복부가 팽창하고 여러 곳에 배설자국을 남긴다. 여왕벌이 감염되면 산란력이 감소하고, 심하면 산란 중단 후 사망한다. 사전 예방을 위해, 봉군을 강군으로 유지하고 봉군의 영양관리와 온도 유지에 유의한다.

노제마병 약제는 퓨미딜-B가 널리 쓰인다.

나. 부저병(병원체는 세균, 대표 증상은 부패)

많은 봉군에서 발생하는 질병으로 재발하기 때문에 벌통 또는 기구를 철저히 소독하여 사용한다.

다. 꿀벌응애 방제(꿀벌응애+가시응애)

꿀벌에 기생하는 응애가 만연하면 꿀벌의 발육이 부진하고 수명이 현저히 감소하고 불구벌이 속출하며, 다른 질병이 동시 발생함으로써 봉군 폐사가 나타난다.

양봉에 피해가 크므로 8월 초순경에 일주일 간격으로 3회 이상 약제 처리하고 10월 초와 월동 직전에 다시 방제한다.

월동 직전 모든 육아가 정지되고 마지막 봉개 번데기가 출방한 다음 꿀벌응애를 방제하면 약제가 모든 응애에 접촉함으로써 가장 높은 방제 효과를 기대할 수 있다. (방제 최적기)

라. 설사병

불량꿀로 인한 소화불량, 온도 부족으로 인한 소화불량, 환기불량과 습기로 인한 소화불량 등의 원인으로 발생하며 전염성은 없다.

소비를 축소하여 봉군을 밀집시키고, 약군은 과감히 합봉을 강군화시킨다.

마. 백묵병(초크병)

꿀벌의 유충에 전염되어 발생하는 곰팡이병이다. 곰팡이는 습한 곳에서 발생하므로 벌통 내부가 너무 습하지 않도록 한다.

오염벌꿀, 벌집, 양봉기구 접촉을 차단하고 오염 화분으로부터 포자 유입이 가능하므로 화분 공급 시 주의를 요한다.

봄철에는 강군으로 세력을 유지하며 벌이 약하고 과감하게 강군에 합봉한다.

3. 질병 확산 예방

- 햇볕이 잘 드는 곳에 벌통 놓기(습지는 피한다.)
- 오염된 벌통과 벌집판은 교체
- 월동 시 벌통에 충분한 양의 화분과 꿀 공급
- 질병이 심한 경우 벌과 양봉기구를 소각하고 벌통 소독 철저
- 정기적인 벌통의 봉군 검사로 질병 발생 초기 억제
- 질병의 예방관리, 면역력 증진, 해충에 의한 스트레스 경감
- 면역력 강한 강군 육성하고 유충이 충실하고 건강하게 자랄 수 있도록 꿀벌에 고단백질의 화분 공급

4. 토종벌 낭충봉아부패병

개량벌통 사용(기존 토종벌 벌통은 내검이 어려워 질병 조기진단이 어려움) 및 여왕벌 양성 등 토종벌 사양관리 기술의 개선을 통해 예방한다. 낭충봉아부패병을 일으키는 바이러스는 30nm 크기의 바이러스로서 어린 유충에 국한되어 감염되며, 어린 유충에 먹이를 주는 과정에서 감염된다. 바이러스에 감염되어 죽은 유충은 바이러스로 가득 차게 되는데, 이러한 유충 사체를 제거하는 과정에서 일벌들에 의하여 전염된다.
낭충봉아부패병의 병징으로는 유충의 표피가 거칠고 번데기로 발육을 하지 못한 유충이 뻣뻣하게 된 후 머리를 위쪽으로 향하면서 죽게 되는

데, 죽은 유충의 껍질이 남아 있는 상태에서 충체 속이 액상으로 변하게 된다. 이때 머리 부분과 기관 부분부터 암갈색으로 변하기 시작하여 결국 말라서 납작하게 된다.

5. 양봉 기초용어 해설

가. 봉군(벌무리)
여왕벌, 일벌, 수벌이 모인 꿀벌의 단위집단. 일반적으로 한 벌통에는 1개 봉군이 생활한다.

나. 봉구
꿀벌이 월동할 때 자체 보온을 위해 뭉치는 것. 봉구의 내부온도는 21℃를 유지한다.

다. 봉교(프로폴리스)
꿀벌이 나무의 진, 풀잎과 꽃봉오리에서 수집해 온 찐득찐득한 것

라. 봉상(벌통)
꿀벌을 기르는 상자(나무, 스티로폼 등)

마. 분봉

벌통 내부가 비좁아지면 살림을 나는 것을 말하며 자연분봉과 인공분봉이 있다.

바. 소비, 소초, 소광, 소문

소광은 벌통 내부에 끼우는 벌집의 나무들을 말하며, 소광에 철선을 건너 매고 벌집의 기초가 되는 소초를 붙인 후 집을 지은 것을 소비라 하며 벌들의 출입구를 소문이라 한다.

사. 왕대

여왕벌이 발육하는 집

아. 왕유(로열젤리)

일벌이 머리샘에서 분비하는 여왕벌 먹이

자. 처녀왕, 신왕, 구왕

왕대에서 출방하여 교미를 마치지 못한 여왕벌을 처녀왕이라 하며 처녀왕이 교미를 마치고 산란을 시작하면 신왕이라고 하고 출방한 지 1년 이상 된 여왕벌을 구왕이라고 한다.

차. 강군과 약군, 합봉

벌의 수가 많으면 강군이라 하고 적으면 약군이라 하는데 두 통 이상의 벌을 한 통으로 합치는 것을 합봉이라 한다(강군 육성).

카. 내검, 훈연기

벌통 내부를 검사하는 일을 내검이라 하며 내검할 때 연기를 쏘이는 기구를 훈연기라 한다(쑥, 왕겨 사용).

6. 양봉 시작 전 반드시 알아 두기!

가. 봉군구성
- 여왕벌: 1군1왕(봉군의 성패, 산란 등)
- 수벌: 수백에서 수천 마리(여왕벌과의 교미 등)
- 일벌: 2~6만 마리(화밀수집, 집짓기, 경계병, 여왕 시중들기)

나. 꿀벌의 온도
- 활동저하: 21℃ 이하~37℃ 이상
- 활동력 상실: 7℃ 이하
- 활동정지: 37℃
- 비상력 상실: 10℃ 이하
- 소비축조, 봉아양성, 밀납분비: 33~35℃

다. 꿀벌의 출생(알에서 성충까지)

- 여왕벌 출생: 16일
- 일벌: 21일
- 수벌: 24일

자유의 옷

소극을 벗고 적극을 입자
수동을 벗고 능동을 입자
머슴을 벗고 주인을 입자
구속을 벗고 자유를 입자

자유의 옷은

사계절 내내 우리가 편안하게 입을 수 있는
누추하지 않은 일상복이다!

/ 6 /

귀농·귀촌 사례
(축산)

한우의 참맛 '충주청정한우'를 업그레이드하다

스마트팜 농장 관리와 신기술로 고품질 한우에 도전하는 조동희 씨

서울에서 대학교를 마치고 인터넷보안서버엔지니어로 일하다가 지난 2016년 고향인 충주로 귀농한 조동희 씨.
부모님과 함께 무항생제 한우농장을 가꾸며 그 어느 때보다 행복한 시간을 보내고 있다.
현재 주덕읍과 달천동에서 250여 두의 한우를 사육하고 있는 조 씨는 대학교에서 배운 전공을 살려 스마트팜을 자체적으로 도입하였다. 스마트팜 도입에 따라 개별 한우 및 출하성적 관리, 사료 급여 등 한우농장 관리가 이전보다 훨씬 편리하고 체계적으로 이루어지고 있다.
또한 조 씨는 농업의 가능성을 보고 일찍 농업현장에 뛰어든 청년답게 IOT에 관련된 새로운 기술, 제품이 나오면 농장에 어떻게 접목할지 고민해 보고, 접목할 부분을 공부하고 직접 설치 및 관리를 하고 있다.
체계적인 한우 사양관리를 위해 농업기술센터에서 주기적인 컨설팅을 받고 있으며, 한우연구회, 영농 4-H 등 학습단체에도 적극적으로 참여해 빠른 신기술 도입과 미래 농업환경에 대비하고 있다.

조 씨는 충주 청정한우의 우수성을 적극적으로 홍보하고 앞으로 출하하는 소들의 최고급육(1+ 이상) 등급률이 70% 이상 되도록 다양한 사육기술 개발을 위해 노력하고 있다.

귀농 전 거주지역: 서울
귀농 전 직업: 회사원
귀농연도: 2016년
귀농선택작목: 한우

※ 내가 말하고 싶은 귀농 포인트
- 준비하고 귀농하라.
- 작목 선택은 신중하게 하라.
- 충분한 실습과정으로 작목 전문성을 높여라.
- 축산은 주변 환경(혐오시설 및 소음 등)이 매우 중요하다.
- 축산은 조사료 생산기반을 항상 염두에 두어라.
- 신규 축사부지는 인, 허가 관련 내용을 잘 살피자.
- 무허가 축사 적법화 내용을 알아보자.
- 집단 민원이 발생하지 않도록 미연에 방지하자.

※ 필자의 견해
스마트팜을 활용한 농장환경이 매우 쾌적하고 깨끗하다.

또한 축산 2세대 가족경영으로 축적된 축산 기술과 노하우로 균일하고 고급화된 한우 품질을 보여 준다.

축산 분야는 농업생산력이 높아 2세대 경영이 많다. 농촌고령화와 관련해서도 매우 긍정적인 농촌의 모습이다.

죄의 꽃

세상에 아름답지 않은 꽃이 어디 있을까?
세상에 빛나지 않는 별이 어디 있을까?

당신은 나에게
낮에는 꽃이 되고
밤에는 별이 되어
내 인생을 밝혀 주었다

나는

당신에게 무거운 짐을 지운 행복한 죄인이다

귀농·귀촌 사례
(약초 및 산채 등)

가. 수안보 숲속엔 뭔가 특별한 것이 있다!

고품질 산마늘 재배하는
슬로우파머(Slow Farmer) 정성훈·황선아 씨 부부

2011년 수안보면 온천리로 귀농한 정성훈·황선아 씨 부부는 1만 ㎡ 규모의 재배지를 조성하여 산마늘, 두릅, 눈개승마, 곰취, 머위 등의 산나물을 재배하고 있다.

산마늘은 뛰어난 맛과 혈중 콜레스테롤을 낮춰 주는 효능이 있고, 피부를 매끄럽게 하며 호흡기와 시력보호에도 도움이 되는 등 최근 기능성 식품으로 크게 각광받고 있는 대표적 산나물이다.

정 씨 부부는 화학비료를 일절 사용하지 않는다. 청정 무공해 숲에서 생산되는 산나물에 대한 자부심을 지키기 위해 제초제도 사용하지 않고 손수 풀을 뽑고 있다.

순수 자연주의를 지향하여 농장이름도 슬로우파머(Slow Farmer)라고 지었는데 지금까지 소비자들의 신뢰가 쌓여 블로그, 쇼핑몰 등을 통해 전량 직거래로 판매되고 있다.

또한 정 씨 부부의 산마늘은 일교차가 큰 깊은 산속에서 재배되기 때문에 밭에서 재배한 것보다 맛과 향이 진하고 농업기술센터에서 배양한 효모균, 유산균, 광합성균 등 유용미생물을 이용해 재배되기 때문에 부드럽고 뛰어난 식감을 자랑한다.

정성훈 씨 부부는 앞으로 힐링 체험과 삼림욕이 가능한 휴양공간을 조성해 보고 싶은 꿈을 갖고 있다.

그래서 산나물 이외에도 재배지 근처에 오미자, 산사, 꾸찌뽕, 가시오가피, 골담초, 마가목 등 약용작물을 식재해 가며 미래를 준비하고 있다.

귀농 전 거주지역: 서울
귀농 전 직업: 회사원
귀농연도: 2011년
귀농선택작목: 산채(산마늘, 눈개승마 등)
농장명: 슬로우파머
귀농·귀촌 관련 교육 이수: 2019년 충주시농업기술센터 신규농업인(귀농인) 현장실습교육 등, 2019년 충주시농업기술센터 귀농인정착교육 사례 발표 등

※ **내가 말하고 싶은 귀농 포인트**

- 귀농은 종합적인 계획 수립이 중요하다.
- 자신만의 귀농 철학이 필요하다.

어라하의 밥상

봄비가 대지를 적시던 날
당신들의 봉분에 새로운 기억을 덮었다

세상을 떠나시기 전 공격성 치매로 모진 언어를
각혈처럼 토해 내시던 힘없는 아버지의 모습과
요양원으로 가시기 전 몸도 제대로 못 가누시던
어머니가 손수 담가 주신 고들빼기김치로 당신들과
함께한 한 끼의 빈약한 밥상은

사랑과 추억이 가득한
세상에서 가장 맛있는

어라하의 밥상이었다

나. 햇살이 머문 농장에 깃든 병풀의 젊은 열정

병풀 재배로 희망을 쏘아 올리는 김종광 씨

오색의 수채화처럼 아름답게 물들어 가던 단풍의 빛깔이 조금씩 바래지면서 바야흐로 계절은 가을의 절정을 향해 달려가고 있는 가운데 병풀 수확으로 한여름의 비지땀을 흘리며 더욱더 바빠지는 열혈 농업인이 있다. 대학 졸업 후 서울에서 15년 동안 안경점을 운영하다 5년 전 충주로 귀농한 김종광 씨(51세)가 바로 그 주인공이다.

병풀은 마데카솔의 원료가 되는 미나리과의 식물로 상처진정효과가 탁월하고 항염효과가 있어 의약용으로 주로 쓰였으나 최근에는 병풀을 활용한 각종 음식, 예를 들어 병풀 장아찌, 주먹밥, 샐러드 등도 폭넓게 소비자의 입맛을 사로잡고 있다.

김 씨가 병풀과 인연을 맺게 된 것은 황백 전남대 교수님에게 병풀 모종을 받아 충주시 직동의 농장 약 331㎡ 면적의 밭에 재배를 하면서 시작되었다.

지금은 농장이 점차 늘어나 제2농장까지 확장되었다. 처음 시작한 제1농장은 직동에 위치한 992㎡의 하우스 1동이었으나 현재는 대소원면에 위치한 1,332㎡ 면적의 하우스 5동의 제2농장까지 확장하였다. 제2농장에는 병풀을 말려 건초를 만들고 분쇄까지 할 수 있도록 자연건조시설 시스템도 구축되어 있다.

김종광 씨는 농장 확장뿐만 아니라 치료 효능을 높일 수 있는 함량증가 방법, 아프리카 병풀과의 비교 등 병풀에 관한 연구를 끊임없이 하고 있다. 김종광 씨의 희망은 병풀을 충주의 대표적인 지역특화작목으로 육성하는 것이다.

오늘도 그는 병풀에 대한 열정을 불태우고 있다.

귀농 전 거주지역: 서울
귀농 전 직업: 자영업, 안경점
귀농연도: 2015년
귀농선택작목: 병풀
농장명: 센텔라 병풀농원
농장 규모: 800평(2개 농장)
귀농·귀촌 관련 교육 이수: 귀농인정착교육, 충주시농업기술센터 농업인대학 가공창업반, 건국대 농업인 최고경영자 과정 수료 등
유통: 화장품 원료회사(건초+생물), 직거래 등
특이사항: 상주시 시의전서 요리경연대회 참가 및 장려상 수상(병풀을 이용한 요리)
귀농 사례 발표: 2019년 충주시 귀농인정착교육 등
앞으로의 계획: 2021년 식물농장(200평 규모) 조성

※ 내가 말하고 싶은 귀농 포인트

- 귀농선택작목에 대해 깊이 있게 공부하라.
- 농업기술센터와 풍부한 인적 네트워크를 구축하라.

세월

봄비가 눈물처럼 쏟아지던 날
유난히 눈망울이 큰 아이가 태어났다

아이는 글도 배우기 전 향교를 다니며
여드름 많은 소년이 되어 사춘기의 첫사랑을 배웠다
소년은 사회의 부적응 속에 무럭무럭 자라 고민 많고
사려 깊은 청년이 되어 어느 날 자아를 찾겠다고
히말라야로 떠났다
단풍이 진홍색으로 물들어 가던 어느 가을날
고향으로 돌아온 그는 자본주의의 노예처럼
앞만 보고 달리다 보니
어느새 인정 많고 할 일도 많은 불혹의 사내가 되어 있었다
무정한 세월은 또 그렇게 몇 해가 흘러 사내는 서재에 앉아 추억을 쓰고 있다
사내의 옆에는 빛바랜 앨범과 노안 안경이 놓여 있다

붙잡을 수 없는 게 세월이라면
내가 나를 안아 줘야지!

귀농·귀촌 사례
(시설채소 및 기타)

가. 福수박이 넝쿨째 들어와 너무 행복해요!

'늘품버섯농장' 김옥경·윤석남 부부

"여보! 아이들 다 크면 한적한 시골에서 텃밭이나 가꾸며 오순도순 삽시다"라는 드라마 대사처럼 수박과 송고버섯 농사를 지으며 제2의 인생을 신바람 나게 살고 있는 부부가 있다. 바로 '늘품버섯농장'의 김옥경·윤석남 부부이다.

김 씨는 오래전부터 꿈꾸어 왔던 전원생활의 정착지로 충주를 선택하였다. 처음에는 귀촌을 생각하였지만 우연한 기회에 구입한 농지와 충주시의 귀농정책과 인연이 닿아 귀농인으로의 길을 걷게 되었다.

김 씨는 농업기술센터에서 체계적으로 사전 교육을 받은 후, 선도농가의 조언을 받아 쌈채류와 시금치, 수박 재배기술을 배웠다.

버섯재배시설이 갖추어진 농가주택을 구입하면서 농사 규모도 꽤 늘었다. 나날이 새로운 것을 배우는 것에 신선함을 느끼며, 거름을 주며 땅을 일구는 행복에 몸이 힘든지도 모르고 시간을 보냈다.

여름철 대표 채소인 수박은 각종 비타민이 풍부하며 원기를 보충해 주는 음식으로 6월 하순에 출하하고, 표고버섯과 송이버섯을 접목하여 만든 송고버섯은 머리(갓)는 표고를, 줄기(대)는 송이를 닮아 향이 진하고 식감이 좋으며, 비타민D 등 영양분이 풍부하여 항암작용과 면역력을 높여 주는 효능도 있다고 한다.
정성스럽게 재배한 송고버섯은 직거래가 가능하다.
김 씨는 복더위에 농사일이 고되지만, 가족과 함께한다는 보람에 활짝 웃으며 하루를 보람 있게 보내고 있다.
앞으로 더 좋게 나아진다는 의미처럼 '늘품버섯농장'에는 더 행복한 내일을 위한 해가 뜬다.

귀농선택작목: 수박, 송고버섯
농장명: 늘품버섯농장

※ 내가 말하고 싶은 귀농 포인트
- 쉽게 되는 건 없다(부농이 되려면 땀을 더 흘려라).
- 귀농작목 선택은 신중하게(유통, 판로, 자금 등)
- 긍정적인 마인드로 최선을 다하라.

소년의 꿈

이역만리 바다와 맞닿은 호수에서
어릴 적 나를 닮은 소년을 만났다
소년은 배에 올라 관광객들의 심부름을 하며 생계를 이어 간다
부모님은 바닷가에서 풍랑으로 인한 사고로 돌아가시고
다섯 살 때부터 배를 탔다고 했다
가난 때문에 학교에 가지 못하고 독학으로 글을 배우고 있지만
얼굴엔 미소가 떠나지 않는다
꿈이 무엇이냐고 물었더니 배의 주인이 되는 것이라고 한다
부자가 되고 싶냐고 했더니
소년의 대답이 나를 부끄럽게 한다
부자가 되고 싶은 게 아니라 자기와 같은 고아들을 태워 주고
학교에 데려다주기 위해서라고……
어른이 되면 배를 사서 바다로 나가겠다고 한다
소년에게 바다는 부모님을 빼앗아간 고난이요 또한
꿈이었던 것이다
말없이 어린 소년을 안아 주었다
코끝이 찡해지고 눈가에 이슬이 맺힌다
가난하고 고난에 처한 사람들은 마음속의 별이 더 많이
빛나야만 하나 보다
소년은 이미 알고 있었다

人生에서 가장 중요한 것은
자신을 아름답게 사랑하는 것임을!

나. 겨울 딸기, 그 달콤한 향에 빠지다!

'슈슈네 농장' 이경희·김종근 부부

눈 쌓인 추운 겨울 딸기를 먹고 싶어 하는 아픈 노모를 위해 딸기를 구해 오던 효심 깊은 아들의 이야기는 이제 옛날이야기가 되어 버렸다. 요즘은 겨울이 제철이라는 말이 이상하지 않을 정도로 겨울철 딸기는 연간 딸기 생산량의 절반을 차지하고 있다.

옛이야기에서처럼 딸기로 그 예를 갖추는 부부가 충주에 있다. 바로 '슈슈네 농장' 이경희(49세), 김종근(53세) 부부가 그 주인공이다.

이경희 씨는 고향인 동량면에 살고 계신 연로하신 시부모님을 모시기 위해 2014년 귀농을 결심하였다.

귀농 첫해 텃밭과 시설하우스에 고추를 심어 봤지만 농사일은 왕초보였기에 큰 재미를 보지 못하였다. 그렇게 두어 해를 보내다가 농업기술센터에서 운영하는 농업인대학 시설채소학과에 다니면서 본격적으로 농사기술을 배우기 시작하여 지금은 딸기 농사의 성패를 좌우한다는 전문적인 육묘도 직접 하고 있다.

또한 하우스 6동(0.4ha)에서 딸기를 열심히 재배하며 부모님을 극진히

봉양하는 효부(孝婦)로 칭찬이 자자하다.

올해 이경희 씨 부부는 최고 좋은 품질의 설향과 금실 품종을 생산하여 일부는 도매시장에 출하하고 대부분은 직거래를 하고 있다.

딸기는 안토시아닌, 라이코펜과 같은 대표적 항산화물질인 폴리페놀 성분과 비타민C, 철분, 엽산 등 다양한 영양소를 지닌 과일로 혈액순환을 도와주고 피부를 맑게 해준다.

눈 내린 슈슈네 농장 이경희 씨 부부의 행복한 하루가 겨울 딸기의 새콤달콤한 향과 함께 아름답게 저물어 간다.

귀농연도: 2015년
귀농선택작목: 딸기
농장명: 슈슈네 농장
농장 규모: 하우스 6동(0.4ha)

※ 내가 말하고 싶은 귀농 포인트

- 귀농선택작목의 재배기술 전문가가 되어야 한다.
- 귀농은 자신과의 싸움이다(끊임없는 자기 노력).

다. 친환경 웰빙 쌈채로 건강을 챙기세요!

시설하우스 친환경 농업으로 희망찬 내일을 꿈꾸는 장성호 씨

타 지역에서 직장생활을 하다 2011년 부모님의 고향인 충주 칠금동으로 귀농한 장성호 씨는 시설하우스 15동(9,900㎡)에서 쌈채소를 재배하고 있다.

상추는 한국인이 가장 즐겨 먹는 대표 쌈채소 중 하나이다. 상추에는 혈액 증가와 피를 맑게 해주는 철분이 많고, 눈 건강에 좋은 비타민A도 풍부하다. 고기와 함께 섭취 시 고기에 부족한 섬유소와 비타민을 보충해 영양의 균형을 이루게 해준다.

장 씨는 시설재배 농가의 가장 큰 고민거리인 연작피해와 병해충을 자신만의 노하우로 해결한다. 농업기술센터에서 배양한 효모균, 유산균, 유용미생물을 이용해 쌈채를 재배한다.

그의 쌈채는 다른 쌈채보다 아삭아삭한 식감과 맛이 더 깊다.

장 씨는 균일한 품질로 선별 포장 출하해 농산물시장에서 두터운 신뢰를 얻은 결과 직판 30%, 대형마트 20%, 계약재배 50% 비율로 안정적인 판매처를 구축하여 남한강 작목반 브랜드로 판매하며 고소득을 올리고 있다. 올해는 친환경미생물제 처리를 통해 당도와 저장성이 높아져 더 많은 수익을 기대하고 있다.

오늘도 쌈채 수확에 구슬땀을 흘리고 있는 장성호 씨는 지속 가능한 친환경 농업은 이제 선택이 아닌 필수라는 생각으로 우수하고 다양한 친환경농산물을 생산하여 우리 식탁을 안전한 먹거리로 채워 나가겠다고 힘주어 말한다.

귀농 전 직업: 회사원
귀농연도: 2011년
귀농선택작목: 쌈채
농장명: 성호팜
농장 규모: 시설하우스 15동(9,900㎡)
유통: 직거래 및 도매

※ 내가 말하고 싶은 귀농 포인트

− 작게 시작해서 확장하라(자본, 시설 등).
− 작목 관련 교육 및 현장실습을 통해 전문성을 높여라.

안나푸르나

길을 나서기 전 히말라야는 내게 관념과 추상이었다
한 걸음 한 걸음 산을 오르며
눈부신 빛의 향연과 끝없는 설원의 파노라마, 무한감동의
대자연으로 나를 잊고 다가선다
풍요의 여신을 만나기 위해 시시각각 턱까지 차오르는 숨을 고르며
빈곤한 영혼을 가다듬는 이 순간
진정 나는 살아 있다

높은 곳을 오르며 낮아지는 법을 깨우치고 도전과 용기 속에
겸손과 자연의 가르침을 가슴에 새긴다

지나치는 산 사나이가 차 한 잔을 건넨다

神들의 오후!
이곳 안나푸르나에서 내적성장의 생명수를 마신다

라. 꿈꾸는 허브농원 유하농장 이상훈 씨의 달콤한 전원 환상곡!

허브농원 유하농장의 주인공 이상훈 씨(45세)는 도시에서의 추운 겨울을 보내고 새로운 인생의 봄날을 찾아서 귀농하였다.

반복되는 과중한 업무와 스트레스로 인해 몸도 마음도 지친 생활을 되풀이하던 중, 서울시농업기술센터에서 분양하는 텃밭 운영에 참여하게 되었다. 심신이 안정되고 농사가 점점 좋아진 그는 아내와 함께 귀농을 결심하게 되었다.

첫 농사로 경기도 양주에서 배농장을 구입하여 농사를 시작하였지만 갑작스러운 태풍으로 인해 쓰라린 실패를 맛보았다.

그러던 중 2012년 충주시 엄정면에 자리를 잡고 패션프루트(백향과)를 재배하였으나, 안정적인 판로가 없어 농장경영은 계속해서 적자를 보게 되었다.

고민을 거듭한 끝에 안정적 수입과 판로가 있고 수도권에 정기적 납품이 가능한 허브로 품목을 바꾸어 20여 종의 허브농원을 운영하게 되었다. 현재 비닐하우스 4개동에는 아름답고 향기로운 20여 종의 허브묘들이 유키 구라모토의 음악을 들으며 초록의 싹을 키우고 있다. 초록의 싹이

올라올 때마다 아이들을 키우듯이 허브 하나하나에 관심과 사랑을 준다. 앞으로의 계획은 시설하우스 1동을 음악이 있는 작은 식물원처럼 꾸며 식물 카페 공간을 만들 생각이다. 또한 허브 1만 본을 만들어 충주시에 기부할 계획도 갖고 있다.

그가 느끼는 이 작은 기쁨을 더 많은 사람들이 느낄 수 있도록…….

귀농 전 거주지역: 서울
귀농 전 직업: 회사원
귀농연도: 2010년
귀농선택작목: 배, 사과, 패션프루트, 허브 및 경관작물(현재)
농장명: 유하농장
농장 규모: 980평(시설하우스)
귀농·귀촌 관련 교육 이수: 귀농인정착교육(서울) 가공창업교육(충주)

※ 내가 말하고 싶은 귀농 포인트

- 작목에 대한 깊은 공부(열정)
- 귀농지역과 선택작목과의 관련성도 중요

마. 귀농새댁 라송희 씨! 귀농으로 행복을 찾다

엄정면 귀농새댁 라송희 씨 전원에서 가족사랑의 꿈 담아

오색으로 곱게 물들었던 단풍이 지고 싸늘한 바람이 불어오는 초겨울 어느 날 엄정면의 한 농가에서 콩 수확이 한창인 라송희 씨를 만났다.

라 씨는 남편과 함께 청주에서 직장생활을 하다가 어렸을 적부터 한적한 전원생활을 하며 아이들을 키우고 싶은 마음이 연결되어 귀농을 하게 되었다.

부모님이 살고 계시는 엄정면 집에 같이 살면서 귀농 3년차에 접어든 라 씨 부부는 콩 6,600㎡, 복숭아 3,300㎡, 오이와 애호박 등 복합적인 농사를 짓고 있으나 오이와 애호박이 주류이다.

처음 귀농했을 때, 농업기술센터 귀농교육을 통해 농업의 기초를 배우고, 강소농 교육을 통해 관내 농업인과 인적 네트워크를 형성하였다. 이후 여러 기관에서 6차산업 창업과정과 농산물 유통 교육 과정에 참여하면서 농산물 판매 전략에 대해 고민하게 되었다.

처음에는 부모님과 같이 5일장이나 경매장에 농산물을 납품하였는데, 농산물 한마당 축제와 와유봐유 농가마켓에 참가하면서 적극적인 홍보로 직거래 판매 수입이 많이 늘었다.

라 씨 부부는 귀농하면서 가족들과 많은 시간을 보낼 수 있고 마음의 여유가 생겼다고 한다.

앞으로 유통과 6차산업 등 다양하고 깊이 있는 공부를 통하여 우수한 가공제품을 개발할 생각이다. 또한 라 씨는 두 아이와 함께 뛰어놀 수 있는 행복한 체험농장을 만드는 것을 꿈꾸고 있다.

오늘도 그녀의 농장은 아이의 재잘거리는 웃음소리와 함께 무지갯빛으로 아름답게 물들어 간다.

귀농 전 거주지역: 청주
귀농 전 직업: 회사원
귀농연도: 2018년
귀농선택작목: 오이, 애호박. 밭작물 등
농장명: 논이골 농원
농장 규모: 7,000평(오이, 애호박, 콩, 고구마 등)
귀농·귀촌 관련 교육 이수: 귀농인정착교육 등
유통: 직거래, 도매(농협 및 충주 농산물도매시장)
특이사항: 가족농(부모님)
귀농창업자금: 1억 7천만 원(농지구입 등)
작목멘토: 농업기술센터 지도사, 부모님
앞으로의 계획: 체험농장 운영

※ 내가 말하고 싶은 귀농 포인트

– 작목을 선택할 때 가장 중요한 것은 시장성(판매, 유통)

– 농업기술센터에서 재배기술 배우기

바. 젊은 농부의 꿈이 담긴 고품질 쌀!

드론 활용 등 첨단농업 실천에 앞장선 안승희 씨

2014년 아버님의 병환을 계기로 다니던 회사일을 뒤로하고 안승희 씨(34세)는 귀농을 결심하게 되었다.

어릴 적부터 농사에 관심이 있었고 시간이 있을 때마다 부모님을 도와드린 까닭에 귀농이 낯설지는 않았다. 하지만 생각보다 초기에 시행착오를 많이 겪었다. 재배기술보다 농업경영이 더욱 어려웠기 때문이다.

하지만 그는 4~5년 동안 밤낮없이 열심히 노력한 결과 소비자의 입맛을 사로잡는 최고의 쌀을 생산하고 있으며, 최근에는 드론을 활용한 파종, 방제, 살포작업으로 노동력을 절감하여 생산성을 크게 높이고 있다. 현재 충주시 봉방동에서 14ha의 벼를 재배하고 있는 안승희 씨는 밀식하지 않고 화학비료나 농약 사용을 줄이고 균형 잡힌 시비와 퇴비 비율을 조정하고 도정 후에는 저온저장고의 온도를 15℃로 유지하는 방식으로 고품질 쌀을 생산하고 있다.

또한 블로그를 통해 농사짓는 이야기를 공유하면서 생산되는 쌀의 70% 이상을 온라인으로 판매하고 있다.

안승희 씨는 젊은이가 꿈을 펼칠 수 있는 미래 창조농업으로의 발전을 위해 오늘도 구슬땀을 흘리고 있다.

귀농 전 거주지역: 충주
귀농 전 직업: 회사원
귀농연도: 2014년
귀농선택작목: 벼, 콩, 옥수수
농장 규모: 4만 4천 평(벼 4만 평, 밭작물 4천 평)
귀농·귀촌 관련 교육 이수: 귀농인 교육(2014 충북자치연수원) 벼 관련 교육 등
유통: 정부수매 20%, 직거래 80%
특이사항: 드론을 활용한 농법, 4-H 활동 등
후계농업인 자금: 농지구입(1억 7천만 원)

※ 내가 말하고 싶은 귀농 포인트

- 농산물은 품질로 말한다.
- 고품질(밥맛이 좋아야 직거래 재구매율 높다.)
- 드론을 활용한 첨단농법으로 농업효과를 높인다.
- 드론의 배터리 가격이 높아 농가 부담이 크다.
- 젊은 농가들이 드론을 활용한 공동방제단 구성 필요

사. 자연에 시간과 정성을 담다!

웰빙 전통장 명가 금봉산 농원의 조연순 씨

우리 조상들의 뛰어난 지혜와 슬기로 빚어지는 한국인의 생명을 지켜온 전통 장(醬)!
10월부터 12월까지 메주를 쑤고, 음력 정월이 지나기 전 장을 담가 40여 일 후 장 가르기를 하여 1년 내 우리 음식의 가장 기본이 되는 조미료로 사용해 왔다.
전통장은 우수한 단백질 공급원이면서 저장성도 뛰어나다. 최근에는 항암효과와 노화방지, 간 기능 강화 등에 대한 연구결과가 발표되면서 많은 사람들이 찾는 건강식품이다.
조영순 씨는 금봉산 아래에서 시어머니와 함께 직접 재배한 콩을 이용해 된장, 간장, 고추장, 청국장, 청국장 가루 등을 만든다. 최소 2년간의 숙성을 거친 발효식품으로 소비자에게 큰 호응을 얻고 있다.
또 전통음식으로 바른 식생활 체험프로그램을 운영하여 어린이들에게 우리 전통의 맛과 멋을 알리는 중이다.
지난해는 농촌진흥청에서 안정적이고 질이 좋은 초산균이 자랄 수 있는 기술을 이전받아 자연 발효 식초 제조에 나서고 있다.

이 밖에도 식약청과 함께 저염화 나트륨 전통장류 기술개발에 참여했으며, 장류 시험연구에도 참여할 예정이다.

조 씨는 직접 재배한 콩으로 메주와 된장 만들기 체험을 3~4월 진행하는데 아이들에게 전통음식의 중요성을 느끼게 해주는 게 중요한 목표이다.

더욱더 품질 좋은 전통장류로 소비자들에게 다가가기 위해, 그리고 HACCP 전통식품 인증을 받기 위해 끊임없이 노력하고 있다.

귀농 전 거주지역: 충주
귀농 전 직업: 학생
귀농연도: 2007년
귀농선택작목: 콩, 전통장
농장명: 금봉산 농원
농장 규모: 3,000평
귀농·귀촌 관련 교육 이수: 충청북도 장류 기술교육 2회 등
유통: 직거래 30%, 농협 등
특이사항: 체험농장(체험이 전체 수입의 40%)
2019년 충주시농업기술센터 귀농인정착교육 강사 등

※ 내가 말하고 싶은 귀농 포인트

- 먼저 시장성(판매, 유통 등)을 고민하라.
- 농업경영 분석 능력을 키워라.

아. 껍질째 먹는 밤, 간식인가? 보약인가?

최고품질 이평밤 생산 '보늬숲농장' 김범 씨

맛좋은 간식거리 정도로만 생각될 수 있지만, 사실 밤은 탄수화물, 지방, 단백질, 비타민, 무기질 등 5대 영양소를 고루 갖춘 완전영양식품이라 불린다.

밤은 균형을 갖춘 영양소와 함께 소화가 잘 되는 음식이어서 이유식이나 성장기 아이들의 간식, 노년층 또는 산모나 병후 회복 환자의 영양보충식으로도 좋다. 이 밖에도 이뇨작용, 숙취해소, 지사작용, 혈액순환 개선 등에 효능이 있는 것으로 알려져 있다.

소태면 복탄마을에서 11ha 규모에 5품종의 밤을 재배하고 있는 김범 씨는 생산량의 대부분을 소비자들에게 직거래로 판매하고 있을 정도로 그 품질이 뛰어나다.

그가 주로 재배하고 있는 품종은 이평밤이다. 알이 크고 고소하며 당도가 높은 것이 특징인데 속껍질이 부드럽고 떫지 않아 속껍질째로 먹을 수 있다. 밤의 속껍질은 약재로도 쓰일 만큼 좋은 영양성분을 골고루 함유하고 있는 등 껍질째 먹는 것이 몸에 이롭다.

농경제학과를 졸업한 젊은 농부답게 김 씨는 앞으로 단순 생산판매가 아닌 농촌관광과 연계된 6차산업화된 농장을 꿈꾸고 있다. 그래서 장기적으로 숙박, 카페, 체험시설을 갖춘 보늬숲농장을 운영할 계획이다.
김 씨의 부인 신봉은 씨도 농업기술센터와 함께 밤빵을 비롯한 다양한 가공품 생산을 계획하고 있다.

귀농 전 직업: 회사원
귀농선택작목: 밤
농장명: 보늬숲농장
농장 규모: 11ha(소태면 복탄리)
유통: 직거래 및 도, 소매

※ 내가 말하고 싶은 귀농 포인트

- 귀농작목 선택은 신중하게 하라(유통, 판매 등).
- 초기에는 작게 시작하라(농지, 시설 등).
- 직거래의 기본은 고품질
- 귀농은 자신과의 싸움이다(성실성과 근면함).
- 멘토(선도농가)를 잘 만나야 한다.
- 영농일지를 쓰자.

가족은 ~ing

며칠 전 나는 비로소 알았다
어머니가 아버지를 사랑하지 않았다는 사실을
또한 나는 알게 되었다
아버지 또한 어머니를 사랑하지 않았음을……
그리고 방금 깨달았다
서로 사랑하지 않았던 사람들의 아름다운 결실이
내가 되어야 했음을……

어젯밤 줄담배를 피우던 아버지가 담뱃값을 아껴
어머니 선물로 실크스카프를 사오셨다
오늘 아침 항암치료를 받으시는 어머니가 된장찌개를 끓이시며
아버지에게 잘 하라고 말씀하신다

머지않아 나는 사랑이 넘치는 따뜻한 가족의 모습을 보게 될 것이다
서로 온전하게 사랑하지 않았음을 인정하고
조금씩 더 가까이 손을 내미는 것이 진정한 사랑이라는 것을
우린 지금 체온으로 느끼고 있다

9

해외 귀농 사례(대만) / 치유농업

가. 대만의 특별한 귀농 사례

대만은 한국과 농업, 농촌 현실이 비슷하게 농업의 고령화가 진행되고 있으며 겸업농이 70%를 차지하고 있다.
대만은 휴경지를 활성화하는 정책과 소규모 농지의 지주들을 묶어서 대규모로 임대하는 소지주대전농 정책을 시행하고 있다.
농촌정책으로는 농촌지역재생, 생활환경개선의 중점지원, 농업인력의 전문성을 높이기 위한 교육지원을 들 수 있다.
대만 귀농정책의 특별한 형태로 젊은이들이 농촌지역사회의 회복을 주면서 농업, 농촌을 이해하고, 참신한 아이디어와 기술로 아름다운 농촌을 건설하도록 유도하기 위해 대학생 귀농 지원 프로젝트(대학생 농촌회유)를 활발하게 전개하고 있다. 대학생 농촌회유는 농촌체험을 할 수 있는 농(農)STAY, 협력실천을 할 수 있는 경연, 지속적 혁신을 할 수 있는 2차 경연, 최종적으로 사회기업을 만드는 과정을 거친다.
청년을 농촌으로 유인하기 위한 프로그램으로 농촌회유와 함께 청년 귀농·귀촌 드림계획이 있다. 드림계획은 청년 귀농·귀촌 지원과 농촌재생 및 농업 종사를 장려하고 농촌에 새로운 활력을 주도록 하는 프로그램이다.

최고의 인생은 최고의 마음이다

마음이 진정 원하는 삶!
단 한 가지라도 하고 싶은 걸 하라

각자의 마음속에 있는 진짜의 自己人生
마음속에 거리낌 없이 솔직함과 맞닿아 있는 곳!
그곳에서 행복은 시작된다
황금과 권력으로 쌓은 욕망의 바벨탑을 부러워할 필요도 없고 자신의 가난과
시련을 자책할 시간도 주지 말자!

인생은 한바탕 놀고 가는 짧은 여행이다
기왕의 짧은 여행이라면 즐겁고 행복해야 하지 않을까?

희망은 믿는 자의 편이고
인생은 꿈꾸는 자의 것이다

나. 치유농업(Agro-healing)! 농업에 가치를 더하다

웰빙과 힐링의 時代!
종합적 삶의 質(quality of life) 향상은 안전먹거리 확보, 고품질 농산물 생산, 자연환경 보호 등 전통적인 농업 가치의 확대는 물론 새로운 미래농업의 가치를 요구하고 있다.
바로 웰빙과 힐링의 농업적 버무림, 치유농업(Agro-healing)이다.

치유농업이란 국민의 건강회복 및 유지·증진을 도모하는 치유 기능에 이용되는 다양한 농업·농촌자원과 이와 관련한 연구 및 활동을 통하여 사회적 또는 경제적 부가가치를 창출하는 산업을 의미하며 농업이 갖고 있는 다원적 부가가치의 하나로 볼 수 있다.
치유농업의 대표적 가치(녹색치유)는 신체활동으로 인한 육체적 건강과 함께 우울과 스트레스 감소, 폭력성 감소, 정서안정, 자존감 증가, 생명존중, 가족구성원 간 공감 및 신뢰 형성, 도시와 농촌의 상생, 관광 및 휴식, 전원생활 공간 제공 등 심리적, 사회적, 인지적 건강을 제공해 준다.
치유농업을 통한 사회경제적 유발 효과뿐 아니라 새로운 일자리 창출까지 친다면 전방위적인 시너지효과가 기대된다.

치유농업은 네덜란드, 이탈리아 등 유럽에서 시작되었으며 네덜란드에서는 치유농업을 하는 케어팜(care farm)이 1,100곳 넘게 운영되고 있으며 연간 2만 명 이상이 이용하고 있다.

치유농업의 기본모델로 후버 클레인 마리엔달(Hoeve Klein Mariendaal)을 대표적 모범 사례로 꼽을 수 있다. 2009년 설립된 후버 클레인 마리엔달(마리엔달의 작은 농원)은 정신, 신체 장애가 있는 사람들, 치매 초기 노인, 장기 실업자, 뇌손상자 등을 전문케어 하는 서비스를 프로그램으로 추진하며 케어서비스 제공 80%, 농작물 판매, 레스토랑 운영 수익 20% 등 지속적인 수익창출 구조로 이루어져 있으며 연간 수익은 50만 유로(6억 원) 정도 된다.

이탈리아는 농업에 고용을 결합한 사회적 농업 형태로 발전하였다.

최근 우리나라도 치유농업 육성지원의 *法律的* 근거가 마련되면서 앞으로 치유농업은 정책적, 제도적으로 새롭게 발전할 수 있는 계기를 마련하였다.

지금까지의 치유농업은 원예치료, 도시농업, 교육농장, 농업·농촌을 활용한 다양한 어메니티(amenity) 등 농업의 다양한 치유기능을 활용한 프로그램 위주로 진행되어 왔으나 앞으로는 치유농업의 산업화를 위한 기술개발과 치유농업 자격제도 및 전문인력 양성, 창업지원 등 독자적인 농업의 한 분야로 발전할 수 있을 것이다.

치유농업을 발전시키기 위해서는 무엇보다 치유농업(치유농장, 교육농장, 사회적 농장 등) 시설 확대 및 보완이 시급하다. 기존의 교육농장 및 체험마을을 보완하여 활용하는 것도 좋은 방법이다.

이와 함께 치유농업 프로그램을 체계적으로 수행할 우수한 치유농업서비스를 개발, 보급하여야 한다.

또한 전문적인 업무를 수행할 수 있는 치유농업사를 제도적으로 양성하여 장기적이고 체계적인 시스템을 갖추어야 한다. 치유농업은 이용자의 치유효과와 안전을 고려한 적법한 치유농업시설, 최적의 치유농업서비스, 전문자격과 스킬을 갖춘 치유농업사 3대 핵심주체가 統合的으로 각각의 기능을 최적화시킬 수 있을 때 더욱더 발전할 수 있을 것이다.

치유농업 육성지원의 法律的 근거가 마련되었기 때문에 각 지방자치단체는 條例나 規則으로 지역실정에 맞게 치유농업 발전을 위한 다양한 콘텐츠를 준비하고 계획하여 장기적으로 운영하는 것도 매우 중요한 일이라고 생각한다.

현재 전국적으로 치유농업 교육훈련 프로그램이 지자체별로 진행되고 있지만 프로그램 과정 및 내용의 보완, 전문적인 능력을 갖춘 치유농업사의 채용, 치유농업 관련 공무원 교육, 치유농업을 이용한 농가 수익창출 모델 구축 등 종합적 검토 과정이 필요하다.

치유농업(Agro-healing)은 아름답고 긍정적인 우리 농업의 미래가치이다.

전국노래자랑

일요일의 男子와 만나는 우리의 자화상!
그곳엔 저마다의 사연이 있고
저마다의 인생이 있다
오전의 웃음이 오후의 눈물이 되기도 하고 노래가락 속에
우리네 삶의 모습이 진하게 묻어난다
잃어버린 삶의 재미와 감동이 무지갯빛으로 아름답게
물들어 가는 시간
출연자는 땡과 딩동댕을 오고 가지만
우리 인생은 땡이 없다

바로 그대가 삶의 주인공이기 때문에……

알면 도움이 되는 귀농정보

가. 귀농 · 귀촌을 위한 건강관리

베이비부머 세대 은퇴가 가속화되고, 기대수명 증가로 장년, 노년층의 귀농이 늘어나고 있다. 이와 관련해 행복한 귀농 · 귀촌을 위한 기본전제로 건강관리의 중요성은 나날이 증대되고 있다.

40~50대부터는 체력이 급격히 떨어지는 시기이다. 또한, 이전에 나타나지 않았던 고혈압, 당뇨 등 생활습관병이 발생할 가능성이 커짐에 따라 연 1회씩 건강검진을 필수적으로 받아야 한다. 정기적 건강검진과 관련 암 검사, 위내시경(2년), 대장내시경도 포함시켜야 할 것이다.

여성은 50세 이후 유방암 및 골다공증에 특별히 관심을 가져야 한다. 또한 흡연자나 과체중인 사람은 고혈압, 당뇨, 고지혈증 등 생활습관병에 쉽게 노출되므로 금연, 금주 적정체중 유지에 총력을 기울인다.

주 5회 이상 30분 이상 땀이 날 정도로 걷거나 운동을 한다. 또한 수시로 스트레칭을 해 주어 근육 및 척추 질환을 방지하고, 60대 이후 만성질환 및 퇴행성 질환 관리에 주력하며 음식은 싱겁게 골고루 먹고 채소와 생선을 충분히 섭취하며 규칙적인 운동으로 건강을 관리한다.

무더운 여름철은 일사병에 주의하며, 낮 기온이 가장 높은 12시에서 오후 3시 사이에는 시설하우스 및 야외작업을 되도록 삼간다.

저혈당 쇼크는 땀 분비, 손 떨림, 맥박상승, 공복감과 집중력 저하 등으로 심할 경우 실신까지 이르게 한다.

농약이 입으로 들어가거나 마셨을 경우는 물로 바로 헹궈 내고 물을 마셔 구토를 유발한다. 옷을 헐겁게 하여 심호흡을 시키며, 숨을 안 쉴 경우 인공호흡으로 응급조치를 하고 즉시 병원으로 이송한다.

나. 임야 취득 시 유의사항

- 산지 구분: 산지는 크게 보전산지와 준보전산지로 분류한다. 보전산지는 다시 공익용(재해방지, 생태계 및 경관보전 보건휴양 등 공익기능용 산지) 산지와 임업용 산지로 나누며, 임업용 산지는 귀농자가 이용할 임야로 이해하면 된다.
- 임야개발은 평균 경사도가 25도 미만이어야 하며(지자체마다 기준 상이), 개발 가능한 임야의 입목축적, 입목본수도 확인해야 한다. 고도제한, 진입도로, 임도(정식도로 아님), 묘지, 나무의 종류, 토질, 방향, 지하수 등 기타 여러 가지의 확인이 요구된다.

다. 좋은 집터 고르기

- 도로 확인(지적도상, 현황도로 모두 있는 곳), 남향
- 뒷면에 완경사지의 야산이 접해 있고 포근한 느낌이 있는 곳
- 주변에 혐오시설, 위험시설이 없고 시야가 탁 트인 곳
- 도로에서 300m 이상 떨어진 곳으로 지대가 약간 높은 곳

그대가 삶이다!

삶은 추억이다
사랑을 기억하는……

삶은 역사소설이다
영혼으로 쓰고 마음으로 읽는

그대가 삶이다!
먼 훗날 그리움으로 만날 수 있는……

라. 중심고을 충주는?

행복한 귀농의 필수조건

충주시는 사통팔달의 열십자형 고속교통망을 갖추고 있는 국토 중심부이며, 전국 어디서나 접근이 용이하다.

중부내륙고속도로: 양평—충주—구미
동서내륙고속도로: 평택—충주—제천, 삼척
충청내륙고속화도로: 세종시—청주—충주—원주
중부내력선전철: 충주~서울 운행시간이 1시간 이내로 단축(예정)

1. 청정자연, 도농복합도시

다양한 문화 혜택을 누릴 수 있는 도농복합도시
의료기관 202개소/종합병원 2개/국립 · 종합대학교

2. 여유로운 삶, 천혜의 자연환경

충주는 산악, 온천, 호반 등 천혜의 관광자원을 가지고 있는 초록자연의 도시이다.

가. 산
월악산과 계명산 등 높고 낮은 산으로 둘러싸여 항상 자연과 가까이 함께할 수 있다.

나. 삼색온천(수안보, 앙성, 문강)
우리나라 최초의 자연용출 온천수 수안보온천과 앙성의 탄산온천, 물 좋기로 이름난 전국 제일의 문강유황온천이 있다.

다. 충주호
우리나라 최대의 다목적댐인 충주댐 건설로 생긴 국내 최대 인공호를 따라 이어진 종댕이길을 걸으며 고즈넉한 자연의 정취를 느낄 수 있다.

라. 충주풍경길
충주호와 남한강, 계명산 등 뛰어난 자연경관을 배경으로 조성된 도심과 가까우면서도 아름다운 10개의 풍경길을 만날 수 있다.

3. 충주의 대표 먹거리

민물매운탕, 송어회, 올갱이해장국, 대패삼겹살 등

4. 역사의 현장 대림산성

항몽유적지 대림산성(大林山城)은 충주시 살미면 향산리 산 45번지에 있는 배산임수의 포곡식 토석혼축성으로, 길이 4,906m, 높이 4~6m이며 충북기념물 110호이다.

대림산성은 1253년 몽고 5차 침입 때 충주방호별감 김윤후 장군과 고려의 가장 낮은 민초들이 70일간의 목숨을 건 혈전으로 승리를 거두어 수많은 백성들의 목숨을 구하고 몽골군의 남하를 저지한 역사적인 산성이다.

몽골의 침입으로 국토는 불타고 백성들이 무자비하게 도륙당하고 있을 때 고려황제와 최씨 무신정권은 강화도로 몸을 피하고 자신들의 정권만을 유지하기 위해 오히려 백성들을 핍박하고 사지로 내몰고 있었다. 이때 김윤후 장군과 민초들은 그들을 버린 나라 고려의 자유를 위해 목숨을 걸고 싸웠다.

이처럼 대림산성의 항몽투쟁은 대몽항쟁사에서도 가장 빛나는 역사의 현장이며, 그 중심에 민중이 있었다는 점은 세계사에서도 유례를 찾아보기 힘들다.

하지만 안타까운 현실은 崇儒抑佛 정책을 표방하던 조선시대에 김윤후 장군이 승려 출신이었던 것과 군왕과 조정이 못한 救國을 민초들의 힘으로 이루어낸 것을 탐탁지 않게 생각하여 역사적인 대림산성 항몽투쟁이 조명받지 못한 점이다.

또한 대한민국 現代史에서 군사정권이 이어지면서 최씨 무신정권이 항몽정권으로 미화된 점은 매우 유감스러운 일이다. 도륙당하는 백성을 외면한 채 국토를 버리고 강화도에서 호화스러운 생활을 이어간 정권이 어떻게 항몽정권일 수 있겠는가?

올바른 역사의 교육을 통해서 우리가 발 딛고 있는 이 귀중한 역사의 현장을 후손들에게 물려주어야 할 것이다.

또한 대림산성을 포함한 충주의 대몽항쟁에도 많은 관심을 가지고 대몽항쟁사에 대한 재조명과 통합적인 측면에서 대림산성을 역사교육 현장으로 활용하는 방안도 모색해야 한다.

슬픔과 패전의 역사인 '남한산성'에 대해서는 너무나 잘 알고 있지만 정작 민중의 고귀한 승리요, 우리 마음속의 자랑스러운 역사를 잊고 살지는 말아야 할 것이다.

역사를 잊은 민족에게 내일은 없다.

마. 귀농 사례의 통합적 접근(統合的 接近)

지금까지 청년, 과수, 양봉, 축산, 약초 및 산채, 시설채소 및 기타 6개 분야 26명 귀농인의 진솔한 귀농·귀촌 스토리를 담아 보았다. 귀농의 계기와 목적도 다르고 연령 및 자산상태, 귀농조건 등도 다르지만 이분들의 귀농 공통분모는 다음과 같다.

첫 번째, 귀농과 귀촌의 차이점을 명확히 인식하고 충분한 귀농준비기간을 가지고 철저한 귀농준비를 하였다는 것이다.
1~5년까지 귀농준비기간을 가지고 유통 및 판매에 초점을 맞추고 작목을 선택한 사례가 많다.

두 번째는 선택작목의 재배기술을 배우기 위해 농업기술센터귀농교육을 포함한 작목 전문교육(현장교육 포함)에 많은 노력과 시간을 투자하였다는 것이다.
처음에는 귀농에 관한 일반교육을 받고 점차 작목 전문교육을 현장실습과 병행하면서 전문성을 높이는 방법은 매우 효율적이라 생각한다.

세 번째는 본격적 귀농 전에 충분한 실습기간(연습생)을 가지고 시행착오를 최소화한 것도 매우 좋은 방법이었다.

네 번째는 농업규모를 처음에는 작게 시작해서 점차 확대하는 방향으로 추진한 점이다.

다섯 번째는 농업기술센터 귀농프로그램인 신규농업인(귀농인) 현장실습교육을 적시에 잘 활용하였다.

여섯 번째는 귀농 초기 멘토의 중요성을 인지하고 자신의 귀농여건에 부합한 멘토(농촌지도사, 선도농가 등)를 선정한 것도 매우 중요한 귀농 포인트로 볼 수 있다.
또한 귀농지역 주민과의 융화 및 상생에도 많은 노력을 기울이고 있다.

기준의 生産者

人生은 자신에게 정의를 내리는 과정이며
시간을 가치 있게 쓰는 예술이다

최고의 人生은 최고의 마음이다

행복은 즐겁고 아름다운 삶 자체이다
나의 마음속에 있는……

Return to me!

필자도 현재 귀촌을 준비하고 있다.

한적한 산골마을에 조그만 집을 마련하여 주말이면 텃밭도 가꾸고 여기저기 잡초도 뽑고 노을이 질 무렵이면 막걸리도 한잔하면서 글을 쓴다.

산골집에는 '이상명의 행복텃밭'이라고 조그만 간판도 만들었다.

소확행! 마음이 편해지고 행복감이 밀려오는 순간이다.

필자의 귀촌 이유는 중년의 행복이다.

산골마을에서 텃밭을 가꾸고 벌을 키우며 글을 쓰고 있는 모습은 상상만으로도 즐겁다.

벌통 네 개를 구입하여 작년부터 열심히 양봉도 배우고 있다.

귀촌 준비기간 처음에는 직장생활에 쫓기다 보니 너무 힘들어서 포기하려고 했다.

하지만 고생도 하다 보면 익숙해진다고 이제는 귀촌을 준비하는 모든 과정이 즐겁고 행복하다.

귀농·귀촌을 하려고 상담하는 모든 분들에게 필자는 10년 전부터 미리 준비하라고 말한다.

귀농은 인생의 변화이며 새로운 도전인데 10년의 준비는 해야 되지 않을까?

많은 분들이 귀농팀을 찾아오면 어떤 것들을 지원해 주는지 다그치듯 물어 온다.

또 어떤 분은 어떻게 해야 귀농해서 성공할 수 있냐고 묻는다. 여기에서의 성공은 주로 경제적 의미로 사용된다.

  필자가 경험한 바로는, 귀농의 가치와 이유가 명확한 분들은 실패를 하거나 돈을 많이 벌지 못해도 표정도 밝고 행복해 보였다.

  반면에 귀농해서 억대 농부가 되었어도 삶은 오히려 찌들고 지원사업만을 찾아다니는 분들도 많이 보았다.

  귀농으로 억대 부자가 되었다는 사례들만 보여 주고 귀농을 핑크빛 환상으로만 물들이는 다양한 사례들과 홍보는 경계해야 한다.

  성공적인 귀농·귀촌도 좋지만 무엇보다도 귀농·귀촌의 초점은 행복이 되어야 한다.

  귀농강의 시간에 수강생들이 필자에게 묻는다.
  당신의 삶이 성공적이었냐고.

  필자는 다음과 같이 대답한다.
  나는 나의 삶이 성공했다고 생각한 적이 한 번도 없을 뿐 아니라 실패를 많이 한 人生이었다.

  필자는 타고난 가난, 실패한 고시생, 가슴 아픈 사랑, 주식 및 사업 실패로 인한 빚더미, 사회 부적응으로 인한 다섯 번의 사표, 산악인으로서의 목숨을 건 도전 등 주로 실패의 연속을 살아왔다.

  젊은 날의 좌절도, 상처도, 보고 싶지 않은 거울 속에 비친 못생긴 나의 얼굴에도 불구하고 나의 소중한 삶이었기에 끊임없이 도전했고 극복하며 진정성 있게 나의 길을 걸어왔다.

  나의 부족한 삶을 인문학 강의로 담아내고 행복해지려고 노력한 결과 여러분

앞에 서 있는 이 순간이 행복하다.

(돌아보면 반성해야 할 부분도 많다.)

많은 사람들은 성공해야 행복할 수 있다고 생각한다.

하지만 성공이 반드시 행복을 가져다주지는 않으며 실패해도 얼마든지 행복할 수 있다.

실패는 도전하는 삶에서 생길 수 있는 자산일 수도 있다.

귀농·귀촌도 마찬가지이다.

여러분은 성공적인 **귀농·귀촌**을 할 수 없을지도 모른다.

좌절과 실패가 여러분의 주변을 당분간 맴돌 수도 있다.

하지만 가장 중요한 것은 여러분의 마음가짐이다.

새로운 삶을 행복하게 살아가는 것에 초점을 맞추고 농업, 농촌에서의 삶을 즐겨야 한다.

눈앞에 다가선 수많은 현실의 장애물을 웃으며 극복한다는 마음으로 시작하자!

Epilogue

　필자가 생각하는 귀농·귀촌은 달콤한 핑크빛 전원생활도 아니고 고생스러운 농작업 시리즈도 아니다.

　가장 중요한 것은 귀농·귀촌의 가치이다.

　즉 농업, 농촌의 공간에서 행복할 수 있는가를 먼저 고민해야 한다.

　그러기 위해선 먼저 농업, 농촌에 대한 이해를 바탕으로 나의 적성이 귀농·귀촌에 맞아야 한다.

　사실 뼛속까지 도시형 패턴에 물들어 있는 분들은 농촌생활이 불편하고 힘들다.

　그런 분들은 귀농·귀촌을 신중하게 선택해야 한다.

　가족의 동의, 자녀 학업 문제, 교통 및 문화혜택 등 종합적인 귀농환경 체크를 당부드린다.

　농업, 농촌의 공간에서 행복할 수 있다는 생각이 들면 행복한 귀농·귀촌을 위한 나만의 공식을 만들 필요가 있다.

　나만의 행복공식: 행복은 이 순간을 즐기는 것이다.
　나만의 귀농공식: 즐겨야 성공한다.

　나의 귀농·귀촌은 행복한가?

　귀농·귀촌을 희망하는 모든 분들의 행복한 삶을 응원한다.